材料系の状態図入門

坂 公恭 著

朝倉書店

まえがき

　工科系の研究者・技術者はその専門によってそれぞれのアイデンティティともいえる独特の技能を有している．機械系であれば複雑な製図を読みこなし描く力である．電気系であれば配線図がこれに相当する．応用化学系は亀の甲であろう．これらは，他の分野の研究者・技術者をして，「さすが餅は餅屋」と言わしめる武器である．材料系でこれに匹敵するのが「状態図」である．この「デーモンの落書き」といわれる複雑な図を読みこなし，使い切る能力こそ材料系の研究者・技術者が生き残る力の源泉である．

　本書が対象とする読者は2つのグループに属する．1つは高専・大学の材料系[*1)]の学生で，初めて「状態図」を履修するグループである．彼らは将来「材料系」の研究者・技術者に育ってくれることを前提としている．いわば「状態図」の基礎をがっちりと習得する必要がある．いま1つは，学生時代には他の分野を専攻してきた社会人で，企業に入ってから初めて材料の研究・開発などに関与する（または，させられる）ことになったグループである．

　上記の1番目のグループに対しては，「状態図」という「絵」を取り扱う，彼らがこれまでに遭遇してこなかったと思われる学問体系に慣れることが肝要である．2番目のグループにとっては正に on-job training で，基礎まで立ち返って勉強する余裕がないというのが本音であろう．

　状態図は熱力学に立脚しており（あるいは熱力学そのものというべきであるが），熱力学の法則・方程式に従って，講義すべきものである．しかし，熱力学に厳密に立脚した講義は，上記の2つのグループにとっては難解に過ぎる．本書では，第3章で状態図のさらなる理解に必要と思われる熱力学の基礎について簡単に講義した．しかし，この章は実際に「状態図」を読みこなすのには必ずしも必要不可欠というものではないので，省略しても差し支えない．

　本書の後半で取り扱った「3元状態図」は，複雑なためか，大学・高専の材料系学科でほとんど講義されることがなくなってから久しい．しかし，セラミックスや電子材料の分野で多元系の材料の重要性が認識されるに至り，3元系の入門的な教科書の必要性が増している．現在は3元状態図に関してもコンピュータで必要な情報は得られるが，それを正しく解釈するためには，基礎的な知識が必要なことはいうまでもない．

　鈴鹿高専　小林達正教授には，本書の原稿を精読していただき，種々ご指摘・アドバイスをいただいた．また，吉川佳子，奥野智子，鈴木敏之の

[*1)] 機械材料，電気・電子材料も含む．

諸氏にも原稿をチェックしていただいた．

　貴重な写真をご提供いただいたJ. F Humphreys博士，今野豊彦博士，宮崎　亨博士，根本　實博士，村田純教博士，またニチノールの発見に関する情報をご提供いただいた宮崎修一博士に感謝する．米村光治博士，小舞忠信博士にはそれぞれ図2.5（b）および図2.25の試料をご提供いただいた．

　本書の刊行にご尽力いただいた朝倉書店編集部に感謝する．

2012年1月

坂　公恭

目　　次

1章　平衡状態図 — 1

1.1　概　論 …………………………………………………… 1
　1.1.1　金属組織学と状態図 ……………………………… 1
　1.1.2　用語の説明 ………………………………………… 3
　　a．合金（alloy）　3
　　b．系（system）　3
　　c．成分（component）　3
　　d．化学組成（chemical composition），濃度（concentration）　3
　　e．相（phase）　3
　　f．磁気変態　4
　　g．固溶体（solid solution）　4
　　h．規則合金，規則格子，超格子　6
　　i．平衡（equilibrium）　8
　1.1.3　ギブス（Gibbs）の相律 …………………………… 8
　　a．2つの系の間の平衡　8
　　b．異なる相にある多成分系の平衡とギブス（Gibbs）の相律　8
1.2　平衡状態における2元系合金 ………………………… 10
　1.2.1　表示法 ……………………………………………… 10
　　a．単相領域，2相領域　10
　　b．共役線と天秤の法則　12
　1.2.2　全率固溶体 ………………………………………… 14
　1.2.3　共晶合金（eutectic alloy） ………………………… 16
　　a．成分元素であるA,Bが固体においてほとんど溶解度をもたない場合　16
　　b．固相内で固溶限を有する場合　22
　1.2.4　共析反応（eutectoid reaction） …………………… 22
　1.2.5　その他の分解型不変系反応 ……………………… 22
　1.2.6　包晶反応（peritectic reaction） …………………… 24
　1.2.7　その他の加成型不変系反応 ……………………… 26
　1.2.8　中間相を含む状態図 ……………………………… 26
　　a．中間相が自己の融点を示す場合　26
　　b．自己の融点を示さない場合　27
　1.2.9　2相分離と規則合金 ……………………………… 27

1.2.10 まとめ ……………………………………………………………… 28
    a．基本となる状態図　28
    b．2元合金状態図の誤りやすい点　28
1.3 2元系状態図における凝固時における平衡状態からのずれ …… 32
  1.3.1 全率固溶合金 ………………………………………………………… 32
  1.3.2 共晶合金 ……………………………………………………………… 33
  1.3.3 包晶合金 ……………………………………………………………… 33

2章　合金の熱処理　　37

2.1 アルミニウム合金の時効と析出 ………………………………………… 38
  2.1.1 状態図による説明 …………………………………………………… 38
  2.1.2 析出物の形態，界面の構造 ………………………………………… 39
  2.1.3 析出のシーケンス，GPゾーン，準安定析出相 ………………… 41
  2.1.4 復元 …………………………………………………………………… 43
  2.1.5 析出硬化 ……………………………………………………………… 44
  2.1.6 スピノーダル分解 …………………………………………………… 45
2.2 鉄鋼材料における熱処理 ………………………………………………… 47
  2.2.1 鉄-炭素系状態図 …………………………………………………… 47
  2.2.2 焼入れとマルテンサイト …………………………………………… 50
    a．ベインの関係　50
    b．炭素の役割　50
    c．マルテンサイト変態の特徴　52
    d．結晶学的関係　53
    e．晶癖面　54
    f．残留オーステナイトと加工誘起マルテンサイト　54
  2.2.3 その他のマルテンサイト変態 ……………………………………… 56
    a．形状記憶効果および擬弾性　56
    b．セラミックスの強靭化　58
  2.2.4 マルテンサイトの焼戻し，温度-時間-変態（TTT）図，連続冷却変態（CCT）図 ……………………………………………… 59
    a．マルテンサイトの焼戻し　59
    b．2次硬化　60
    c．温度-時間-変態（TTT）図　60
    d．連続変態曲線（CCT図）　63
  2.2.5 焼入れ性の評価と改善 ……………………………………………… 63
    a．ジョミニーの一端焼入れ試験　63
    b．焼入れ性の改善　64
  2.2.6 表面硬化（case hardening）……………………………………… 64

3章 2元系状態図の熱力学 — 67

- 3.1 異相平衡の条件 …………………………………………… 67
  - 3.1.1 化学ポテンシャル ……………………………………… 67
    - a. 化学ポテンシャルの定義　67
    - b. 共通接線の法則　69
  - 3.1.2 簡単な平衡状態図と自由エネルギー ………………… 72
    - a. 全率固溶体　72
    - b. 共晶合金　73
  - 3.1.3 置換型固溶体の自由エネルギー ……………………… 73
    - a. 置換型固溶体の凝集エンタルピー　74
    - b. 置換型固溶体の配置のエントロピー　76
    - c. 置換型固溶体の自由エネルギー　77
  - 3.1.4 液相の自由エネルギー ………………………………… 79
    - a. 液相の凝集エネルギー　79
    - b. 液相のエントロピー　79
    - c. 基本的な2元状態図の熱力学による導出　80
- 3.2 核形成の熱力学 …………………………………………… 80
  - 3.2.1 スピノーダル分解 ……………………………………… 80
  - 3.2.2 均質核形成 ……………………………………………… 81
  - 3.2.3 不均質核形成 …………………………………………… 83
  - 3.2.4 遷移相の析出 …………………………………………… 84
  - 3.2.5 マルテンサイト変態 …………………………………… 85

4章 3元系状態図 — 87

- 4.1 3元系状態図の基礎 ……………………………………… 87
  - 4.1.1 表示法――ギブスの三角形 …………………………… 87
  - 4.1.2 共役線と天秤の法則 …………………………………… 88
    - a. 共役線（tie line）　88
    - b. 共役三角形（tie triangle）　88
    - c. 共役四角形（tie square）　89
  - 4.1.3 3元系と相律 …………………………………………… 89
  - 4.1.4 空間図形, 切断状態図 ………………………………… 90
    - a. 空間図形　90
    - b. 切断状態図　90
- 4.2 比較的単純な3元系 ……………………………………… 93
  - 4.2.1 3元全率固溶体合金の凝固 …………………………… 93
  - 4.2.2 共晶型 …………………………………………………… 95
    - a. 等温（恒温）切断状態図　98
    - b. 垂直切断状態図　98

4.2.3　包晶型 ··· 102
　　　　　a．等温切断状態図　106
　　　　　b．垂直切断状態図　108
　4.3　複雑な3元系 ··· 110
　　　4.3.1　3元共晶（タイプⅠ）······································· 110
　　　　　a．等温切断状態図　113
　　　　　b．垂直切断状態図　115
　　　4.3.2　3元包共晶（タイプⅡ）····································· 117
　　　　　a．等温切断状態図　120
　　　　　b．垂直切断状態図　121
　　　4.3.3　3元包共晶（タイプⅢ）····································· 124
　　　　　a．等温切断状態図　127
　　　　　b．垂直切断状態図　128
　　　4.3.4　まとめ ··· 131
　4.4　化合物を含む3元系 ··· 132
　　　4.4.1　擬2元系を形成する場合 ····································· 132
　　　4.4.2　擬2元系を形成しない場合 ··································· 133

付　録 ··· 135
　A　ギリシャ文字と相 ··· 135
　B　代表的な合金名 ··· 135
　　鉄鋼　135
　　銅合金　136
　　アルミニウム合金　137
　　その他　137
　C　合金発明物語 ··· 137
　　ジュラルミン　137
　　ステンレス鋼　138
　　NiTi合金の形状記憶効果の発見　138

索　引 ··· 139

1章

平衡状態図

1.1 概 論

1.1.1 ● 金属組織学と状態図

　金属は極めて有用な材料であり，それは人類の文明の発達を見れば明らかであろう．すなわち，人類は石器時代から青銅器時代を経て**鉄器時代**に至り初めて文明が花咲いたのである．図1.1は世界の鉄鋼生産の推移である．現在はまさに鉄器時代真っ只中といえよう．

　金属・合金は現在の文明社会を支える工業材料の背骨であり，それは金属・合金の多様性と柔軟性に起因している．われわれの先祖は経験によって，永年にわたり，金属・合金の多様性を巧みに利用してきた．それが集大成されたものが**冶金学・金属学**（metallurgy）である．その知識は単に金属・合金のみならずセラミックスや半導体の組織を制御する上にも必要な知識である．

　金属の組織とは何か？　18世紀までは，金属は結晶であるとは考えられていなかった．19世紀初頭に隕石（通常，鉄とニッケルから構成されている）の表面を硝酸で軽く腐食すると図1.2に示すような模様が発見された．このような模様を発見者[*1)]の名にちなんで**ウィードマンシュテッ**

[*1)] Alois von Wiedmanstätten（オーストリア，1753～1849）
[*2)] Henry Bessemer（英国，1813～1898）
[*3)] 完成直前の八幡製鉄所東田第一高炉（1900，日本製鐵株式会社提供）

図1.1　世界の鉄鋼生産量の推移
① 新石器時代の短剣（BC2400年ごろ），② 殷の時代の鼎（BC1300年ごろ），③ たたら製鉄，④ エッフェル塔．
A：ベッセマー[*2)]による近代製鉄の開始（1856年），B：明治維新（1868年），C：エッフェル塔の完成（1889年），D：官営八幡製鉄所（現在の新日本製鐵の前身）の営業開始（1901年）[*3)]．

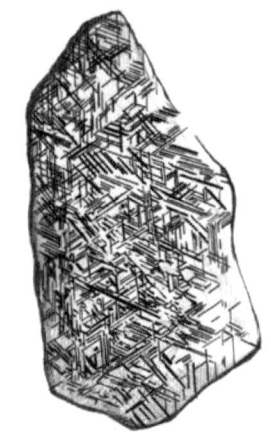

図 1.2 ウィードマンシュテッテン図形

テン模様（Widmanstätten pattern）という．これより，金属も鉱物と同様結晶であることがわかった．その後，X線回折により金属が結晶であることがあらためて確認された．

　結晶というと，多くの人は，水晶やダイヤモンドを思い浮かべるであろう（図1.3（a））．このような鉱物の結晶は，内部の原子や分子がすべて同一の方向（**方位** orientation という）を向いている．これを**単結晶**（single crystal）という．金属の結晶の場合はこれとは異なる．光学顕微鏡（optical microscope）の下で金属の表面を観察してみよう．日常われわれが取り扱う金属は，方位が異なる多数の結晶の粒で構成されている（図1.3（b））．このように，異なる方位をもつ単結晶の集合体を**多結晶**（polycrystal）という．われわれが普通に接する金属・合金はほとんどが多結晶であり，多結晶を構成している個々の単結晶を**結晶粒**（crystal grain）という．結晶粒の内部を粒内といい，結晶粒と結晶粒の境界を**結晶粒界**（grain boundary）と呼ぶ．多結晶を構成している結晶粒の構造（**結晶構造** crystal structure）が，全く同一の場合，**単相**（singe phase）という．複数の結晶構造から構成される合金を**多相合金**（multi-phase alloy）と呼ぶ．この場合には，第1相，第2相，第3相…と呼びわける．

　これらの金属結晶の集合体の様々な形態，大きさ，分布などを総称して金属の**組織**（structure）という．金属・合金の諸性質はその組織によって大きく変化する．金属・合金の組織と諸性質との関係および組織を制御する因子を研究する学問が**金属組織学**（metallography，**金相学**ともいった）である．もちろん，金属を材料一般に読み替えることができる．

　これらの組織は合金を構成している各成分の種類や数（たとえば，Fe-CrとFe-Cr-Niのように）に依存することはもちろんであるが，各成分の割合（**化学組成**（chemical composition または単に composition），たとえば，Fe-12% Cr と Fe-18% Cr など），温度，熱処理などによって多彩に変化する．

　問題としている合金の組織が温度，熱処理によってどのように変わるかという点に指針を与えるものが**状態図**（phase diagram，**相図**，**平衡状態**

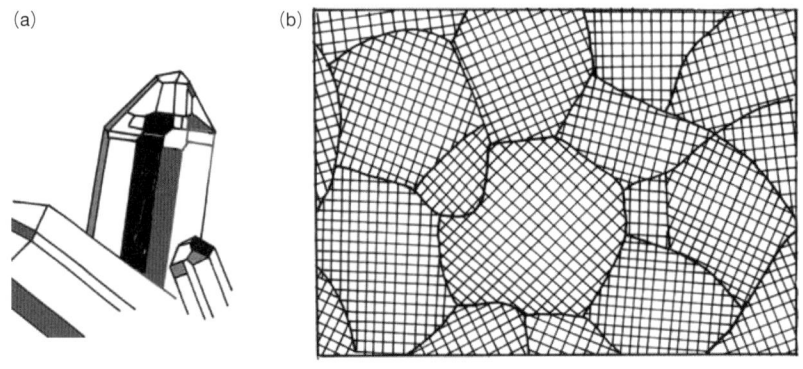

図1.3 （a）単結晶（水晶），（b）多結晶の模式図（同じ結晶構造を有するが方位の異なる結晶粒の集合体から構成されている）

図とも呼ばれる）で，個々の合金の平衡状態を温度，圧力，化学組成の関数として図示したものである．

1.1.2 ● 用語の説明

金属組織学や状態図においては，多くの用語が使用される．それらのうち，本書を読む上で必須の用語を以下にまとめる．

▶ **a. 合 金**（alloy）

金属に他の元素（金属の場合もあれば非金属の場合もある）を混ぜて作製したものをいう．なお，英語のalloyは必ずしも金属材料に限定されてはいない．高分子材料などでもしばしば使用されている．

▶ **b. 系**（system）

外界から何ら物質的交渉のない状態におかれた物質の一群をいう．具体的には1つの合金があてはまり，Fe-Cr系（合金），Au-Ag-Cu系（合金）などという．

▶ **c. 成 分**（component）

何種類の元素から構成されているかをいう．
・1成分系：1元系（unary system）
・2成分系：2元系（binary system）
・3成分系：3元系（ternary system）
・多成分系：多元系（multi-component system）

▶ **d. 化学組成**（chemical composition），**濃度**（concentration）

成分の元素を具体的に示したものを**化学組成**という．個々の元素の相対的な量を**濃度**といい，普通パーセント（百分率）で表す．濃度には**重量濃度**（weight percent, wt.%, w/o. **質量濃度** mass percent, mass %ともいう）と**原子濃度**（atomic percent, at.%, a/o）の2種類が存在する．

重量濃度は合金を作ったときの各成分の重量をパーセントで表示する．原子濃度とは各成分の原子数をパーセントで表示する．

実際に合金を作るときはもちろん重量濃度を用いるが，理論計算などには原子濃度を用いたほうが便利である．

原子濃度は重量濃度から次式を用いて計算する．いま，1成分の重量濃度（wt.%）または質量濃度（mass%）を M_x, 原子濃度（at.%）を A_x, また原子量を X とし，他のそれらを M_y, A_y および Y とすれば，換算式は次式のようになる．

$$A_X = \frac{100 M_x}{M_x + \frac{X}{Y}(100 - M_x)} = \frac{100}{1 + \frac{X}{Y}\left(\frac{100}{M_x} - 1\right)} \tag{1.1a}$$

$$M_X = \frac{100 A_x}{A_x + \frac{Y}{X}(100 - A_x)} = \frac{100}{1 + \frac{Y}{X}\left(\frac{100}{A_x} - 1\right)} = \frac{100 A_x X}{A_x X + 100 Y - A_x Y} \tag{1.1b}$$

▶ **e. 相**（phase）

1つの系において均質な部分を**相**という．相は**気体**(gas), **液体**(liquid,

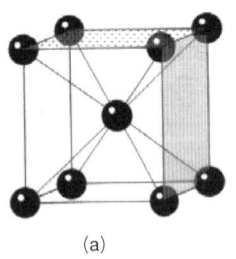 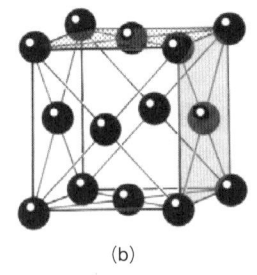 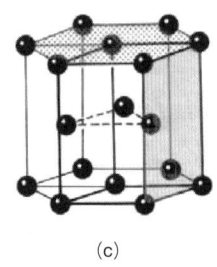

(a)　　　　　　　　　　　　　(b)　　　　　　　　　　　　　(c)

図 1.4　結晶構造
(a) 体心立方 (body centered cubic), (b) 面心立方 (face centered cubic), (c) 六方最密充填 (hexagonal close packing).

melt), **固体** (solid), つまり**結晶** (crystal) に大別できる.

気体は常に単相であるが, 本書では固体と液体（**凝縮系** condensed system という）を取り扱うので, 以下では気体は考えないことにする.

液体は単相の場合（例：水＋アルコール）もあればそうでない場合（例：水＋油）もある.

固体の場合は, **結晶構造** (crystal structure) の違いによって相が異なる.

主要な結晶構造としては, **体心立方** BCC (body centered cubic), **面心立方** FCC (face centered cubic), **六方最密充填** HCP (hexagonal close packing) がある. これらの相は, 普通ギリシャ文字を用いて表す（α 相, β 相, …, Ω 相など. 付録 A 参照））. 図 1.4 に, BCC, FCC, HCP 構造の**単位格子** (unit cell. 単位胞ともいう) を示す.

1 つの相から他の相への変化を**相変態** (phase transformation) という.

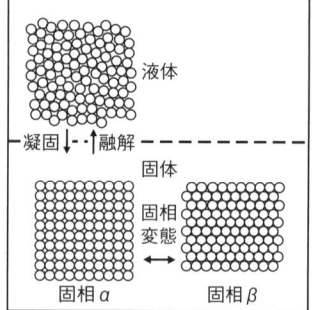

図 1.5　凝集系における相変態

例　液体→固体（**凝固**）, 固体→液体（**融解**）

特に, 純元素が固体状態で変態することを**同素変態** (allotropic transformation) という.

*4) 鉄の熱処理の基礎となる変態である. 詳細は 2.2 節参照.

例　鉄 (Fe) の場合：BCC(α)—910℃—FCC(γ)—1390℃
　　　　　　　　　　　—BCC(α) *4)
　　　錫 (Sn) の場合：Sn(α)—13℃—Sn(β) *5)

*5) 同素変態に伴う体積の変化のために, 錫は粉々になってしまう. この現象を**錫のペスト**という. 純錫の同素変態の温度は 13℃ であるが, 実際に同素変態が起きるのは −30℃ 以下の極めて低温でしか起きない.

▶ f.　**磁気変態**

低温で強磁性であったものが高温で磁性を失う現象をいう. この場合には原子の配列には変化は起きず, 電子のスピンの状態が変化する. したがって, 狭義の相変態ではないが, 重要な変態であり, **磁気変態**といい, 通常, 点線で示す. 磁性を失う臨界の温度を**キュリー温度またはキュリー点** (Curie temperature, Curie point) という（図 1.6）.

▶ g.　**固溶体** (solid solution)

純元素（**溶媒** solvent）に第 2 元素（**溶質** solute）を加えていく場合を

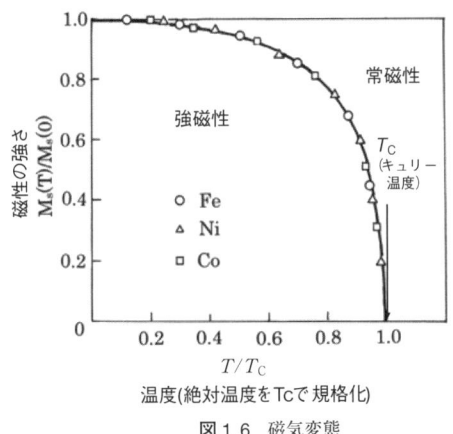

図 1.6　磁気変態

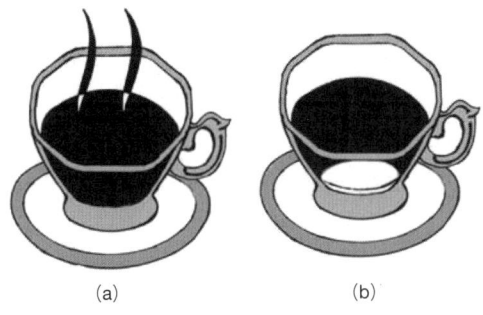

図 1.7　(a) 熱いコーヒー．砂糖（溶質）をコーヒー（溶媒）が完全に溶かしこんでいる．(b) 冷めたコーヒー．砂糖が沈澱し，溶質（砂糖）と溶媒（コーヒー）が分離する．

考える．溶質の量が少ない場合には溶媒の元素に完全に溶け込むであろう．溶媒がコーヒーで溶質が砂糖の場合，溶質（砂糖）の量が少ない場合には完全に溶けあう（図 1.7 (a)）．これを**溶体**（solution）という．同じような現象が固体で起きている場合は，固体の溶体という意味で，**固溶体**（solid solution）という．

固溶体には 2 種類が存在する．すなわち ① **置換型**（substitutional type）と ② **侵入型**（interstitial type，あるいは**格子間原子型**）である．置換型は溶質原子が溶媒原子に置き換わるのに対して，侵入型溶質原子は溶媒原子の間隙に侵入する．したがって，原子半径の極めて小さい元素しか侵入型の固溶体を形成できない（図 1.8）．

例　H (0.64 Å)，B (0.97 Å)，C (0.77 Å)，N (0.71 Å)，O (0.60 Å)．ここで，括弧内は原子半径を示す．1 Å = 0.1 nm = 10^{-8} cm．1 Å はほぼ原子の半径に対応している．

溶体に入り込める溶質原子の最大濃度を**溶解限**（solubility, solubility limit）という．コーヒーの例では，砂糖が多すぎると溶けずに沈澱してしまうが（図 1.7 (b)），コーヒーに溶け込める砂糖の最大量が溶解限である．固溶体の場合は特に**固溶限**という．一般には，溶解限，固溶限は温

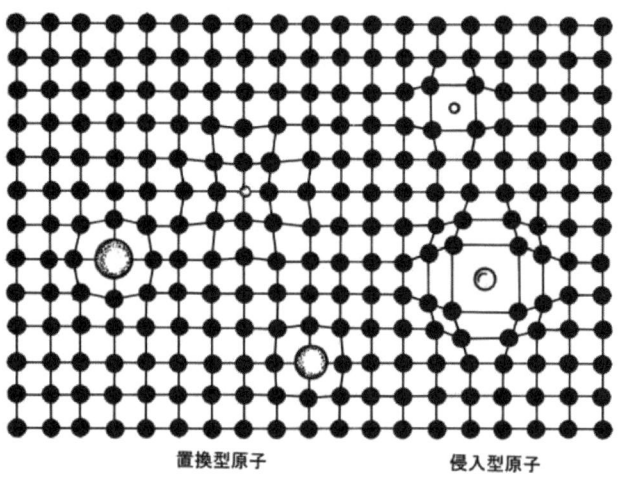

置換型原子　　　　　侵入型原子
図1.8　固溶体

度の上昇とともに増加するが，あまり変化しない場合や減少する場合もある．

▶ **h.　規則合金，規則格子，超格子**

A, B原子が規則的に配列している合金を**規則合金**（ordered alloy）という．またそのような合金の結晶格子を**規則格子**または**超格子**（super-lattice）という．図1.9に代表的な規則格子を示す．

図1.9（a）はBCCを基礎としたもので，B2またはL2$_0$型と呼ばれる．図1.9（b）はFCCを基礎としたもので，L1$_2$またはCu$_3$Au型と呼ばれる．図1.9（c）もFCCを基礎としたもので，L1$_0$またはCuAu I型と呼ばれる．図1.9（d）はDO$_3$またはFe$_3$Al型と呼ばれるもので，BCCを基礎とし，単位胞を3つの主軸（x, y, z）に2個ずつ連ねた構造である．B原子は8個の異種原子で囲まれている．強磁性合金として有名なホイスラー（Heusler）合金はこの図において，①，③をCu，②をAl，④をMnとした構造である．

図1.9（e）は**長周期構造**をもつ規則格子の一例で，この構造はCuAu II型と呼ばれる．これはL1$_0$型規則格子を基礎として主軸の1つに沿って5個のL1$_0$型規則格子が連結したのち，Cu原子とAu原子が入れ替わるようにずれが起き，それがさらに5個連結して全体として10個のL1$_0$型規則格子で構成されている．

規則合金も，温度を上げていくと不規則な配列をもつ**不規則合金**（disordered alloy）になる．融点以下のある温度以上でA, Bの配列が不規則になる場合を**規則-不規則遷移**または**変態**（order-disorder transition, またはtransformation）という（図1.10）．規則状態から完全に不規則状態に変化する温度を，磁気変態にならって，**キュリー点**（または温度）（Curie point）という．キュリー点が融点以上で，融点まで規則構造を保つ合金が**金属間化合物**（intermetallic compound）である．

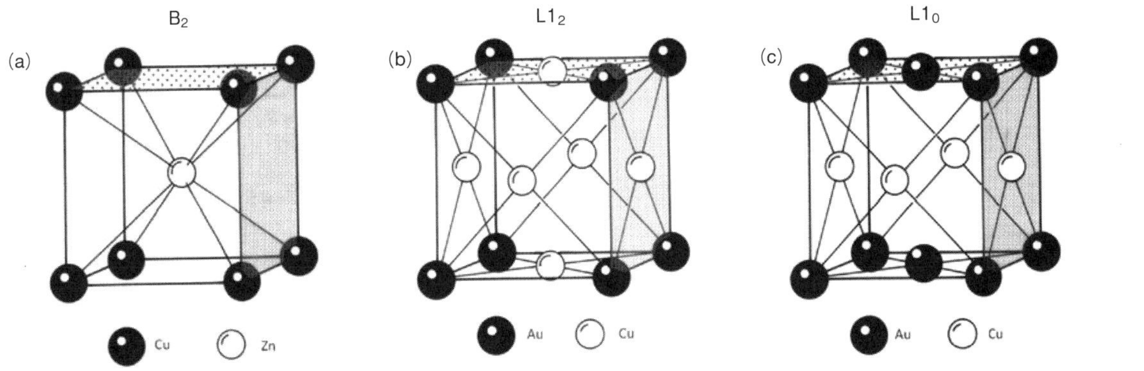

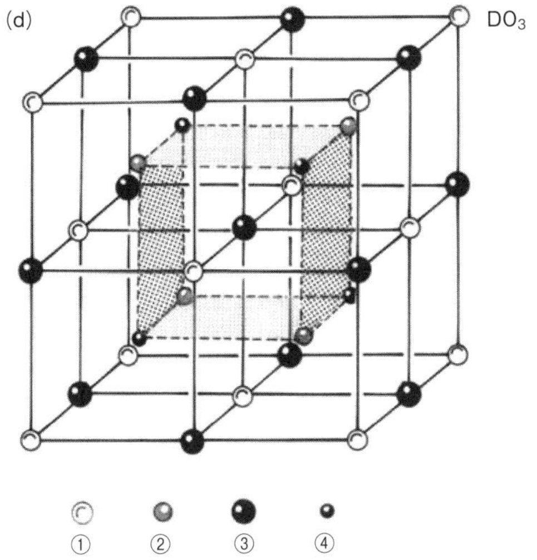

(d)の構造型	化合物名	席 ①	②	③	④
DO$_3$	Fe$_3$Al	Fe	Al	Fe	Fe
L2$_1$	Cu$_2$MnAl（ホイスラー合金）	Cu	Al	Cu	Mn
B32	NaTl	Na	Na	Tl	Tl

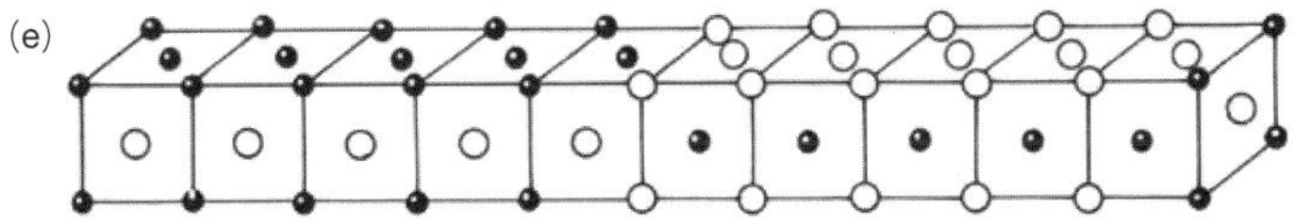

図 1.9 (a) 規則格子（超格子）B2，(b) 規則格子 L1$_2$，(c) 規則格子 L1$_0$，(d) 規則格子 DO$_3$，(e) 長周期規則格子，CuAu II

(d) のホイスラー合金は，その構成元素（Cu，Mn，Al）が単独ではいずれも強磁性を示さないにもかかわらず，合金化することによって強磁性を示す唯一の例である．

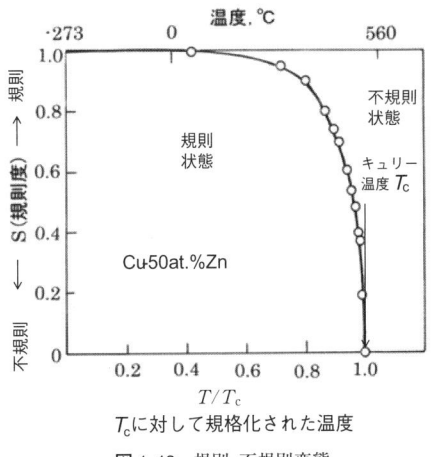

図 1.10 規則-不規則変態

▶ i. 平　衡（equilibrium）

ある系が最終的に落ち着く状態で，未来永劫この状態から変化することはない．いわば，終着駅である．

1.1.3 ● ギブス（Gibbs）の相律
▶ a.　2つの系の間の平衡

2つの系（相）A, Bが接触しているとき以下の3つの条件が満たされれば，平衡状態にある．

① 力学的平衡条件：$P^A = P^B$（圧力が等しい）　　　　　　　　　(1.2a)

② 熱的平衡条件：$T^A = T^B$（温度が等しい）　　　　　　　　　(1.2b)

③ 質量的平衡条件：$\mu_j^A = \mu_j^B$ [*6]　$(j=1, 2, \cdots, c)$　　　(1.2c)
　　　　　　　　（各成分jの化学ポテンシャルが等しい）

*6) 添え字の意味は次のようになっている
$$\mu\,_{成分}^{相}$$

ここで，$\mu_j = (\partial G/\partial n_j)_{T,V,n_{i \neq j}}$ は**化学ポテンシャル**（chemical potential）．ただし，Gはギブスの自由エネルギー，T, Vは温度および体積，n_jはj成分の原子（または分子）の数（詳細は3.1.1a項を参照）．

▶ b.　異なる相にある多成分系の平衡とギブス（Gibbs）の相律

成分の種類がc個からなる合金がp個の相に分かれて，平衡状態で共存する場合，この平衡状態の**自由度**（degree of freedom）fは

$$f = p(c-1) + 2 - c(p-1) = c - p + 2 \tag{1.3}$$

となる．ここで，自由度とは平衡条件を満たした上でなお自由に変えることのできる内部変数（圧力，温度，化学組成）である．(1.3)式を**ギブス**[*7]**の相律**（Gibbs phase rule）という．

*7) Josiah Willard Gibbs（1839-1903）：アメリカの理論物理学者．エール大学教授．Gibbsは相律を1876年に発表したが，その重要性が認識されるには1900年まで待たねばならなかった．

証　明　（以下の証明をとばしてもその後の内容の理解の障害にはならない）

成分の数がcで，相の数をpとすると，

① 力学的平衡条件
$$P^1 = P^2 = P^3 = \cdots = P^{(p)} = P\text{（各相の圧力が等しい）} \tag{1.4}$$

② 熱的平衡条件
$$T^1 = T^2 = T^3 = \cdots = T^{(p)} = T\text{（各相の温度が等しい）} \tag{1.5}$$

③ 質量的平衡条件は各成分に対して成分1の化学ポテンシャルが$1 \sim p$の相内で等しいことから，
$$\mu_1^1 = \mu_1^2 = \mu_1^3 = \cdots = \mu_1^{(p)}$$

つまり成分1に対して$(p-1)$個の連立方程式が存在する．

同様に，成分$2, 3, \cdots, c$に対して

$$\left.\begin{array}{l}\mu_2^1 = \mu_2^2 = \mu_2^3 = \cdots = \mu_2^{(p)} \\ \mu_3^1 = \mu_3^2 = \mu_3^3 = \cdots = \mu_3^{(p)} \\ \quad\quad\quad\vdots \\ \mu_c^1 = \mu_c^2 = \mu_c^3 = \cdots = \mu_c^{(p)}\end{array}\right\} \tag{1.6}$$

となる．結局，連立方程式の数は$c(p-1)$個となる．

c種類の成分からなる物質がp個の相に分かれて平衡状態で共存する場

合，この平衡状態の自由度（degree of freedom）f は
$$f = p(c-1) - c(p-1) + 2 = c - p + 2$$
となる．ここで，第3項の2は圧力と温度である．

休　憩

●化学ポテンシャル（chemical potential）とは？

　化学ポテンシャルとは人間社会では，住みにくさ（簡単のために，たとえば税金で表す）に例えることができる．また各相は国家（p），各成分は民族（j）に例えることができる（$\mu_{民族}^{国家}$）．すなわち，$j=1$ を日本人，$j=2$ をアメリカ人，$j=3$ を中国人，などとし，$p=1$ を日本，$p=2$ をアメリカ合衆国，$p=3$ を中国などとする．たとえば，日本人（$j=1$）について考えると，日本（$p=1$）に住む日本人，アメリカ合衆国（$p=2$）に住む日本人，中国（$p=3$）に住む日本人の税金（化学ポテンシャル）が同じであれば（$\mu_1^1 = \mu_1^2 = \mu_1^3 \cdots$），これらの国の間での日本人（$j=1$）の正味の往来はないであろう．しかし，たとえば，日本（$p=1$）での日本人（$j=1$）に対する税金（化学ポテンシャル，μ_1^1）がアメリカ合衆国（$p=2$）での日本人に対する税金（化学ポテンシャル，μ_1^2）より高ければ（$\mu_1^1 > \mu_1^2$），多くの日本人（$j=1$）は日本（$p=1$）からアメリカ合衆国（$p=2$）へと移民するであろう．同じことが，日本（$p=1$）に住むアメリカ人（$j=2$），中国人（$j=3$）についていえるであろう．つまり各国（相）に住むある民族（成分）の税金（化学ポテンシャル）が等しければ民族（成分）の正味の移動は起きない（これはあくまで，たとえであって，実際の人間の移動の動機はもっと複雑であることはいうまでもない）．

"Last of England"：若い夫婦が海外での新生活を目指して英国の港から出航するところ．彼らの表情から，彼らが望んで海外で生活しようとしているのではないことが見てとれる．しかし19世紀のヨーロッパではポテト飢饉などの理由で多くの人が新天地（アメリカ，オーストラリアなど）に向かうことを余儀なくされた．化学ポテンシャルの観点から説明すると，ヨーロッパにおける化学ポテンシャルがアメリカやオーストラリアでの化学ポテンシャルよりも高く，人々は化学ポテンシャルの高いほうから低いほうへと移動したといえる．

（英国，バーミンガム博物館）

金属・合金においては，一般に圧力の影響は無視できるので，

重要
$$f = c - p + 1 \tag{1.7}$$

と書ける．以下（1.7）式を用いる．具体的には
① 1元系では $c=1$. ゆえに $f=2-p$.
② 2元系では $c=2$. ゆえに $f=3-p$.
この意味は以下のごとくである．

1元系（$c=1$）として，水を考えよう[*8)]．1気圧のもとで水（液体）と氷（固体）の2相（$p=2$）が共存できる温度（氷点）は0℃と一定で，変えようがない．同様に，水（液体）と水蒸気（気体）が共存する温度（沸点）も100℃と一定で変えようがない．このような場合，自由度$f=0$で，このような状態を**不変系**（invariant system）という．一方，水（液体）1相しか存在しない場合$p=1$で，$f=1$となり，水は0℃～100℃の範囲で存在しうる．

2元系（$c=2$）の場合，$f=0$の不変系は$p=3$すなわち3相が共存する場合で，3相が共存する温度，3相のそれぞれの化学組成のいずれも一定で変えることができない．

1.2 平衡状態における2元系合金

1.2.1 ● 表示法

▶ a. 単相領域，2相領域

1つの合金系について，任意の温度，任意の濃度において，平衡状態にある各相の種類，相互の量，化学濃度（組成）を示したものが状態図[*9)]である．各相の分布，形態については何も教えない．しかし，実際には，ある程度，推測することができる．

2元系合金の場合には$c=2$であるから，
$$f = 3 - p \tag{1.8}$$

ここで，横軸は化学濃度で，すでに述べたように，原子濃度（atomic percent, at.%, a/o）と質量濃度（mass percent, mass%）あるいは重量濃度（weight percent, wt.%, w/o）で表す場合がある（1.1.2c項参照）．

自分が作製した合金，または，これから研究しようとする合金の化学組成が決まると，この合金は垂直な線で表される．図1.11（a）はPb-Sn 2元系の状態図である．

問題 図1.11（a〜c）の横軸は下がwt.%，上がat.%である．（1.1a）式を用いて40 wt.% Sn合金をat.%に換算し，図1.11（a）と比較せよ．

図1.11（a）は通常の文献などに現れる状態図である．この状態図に含まれる情報は以下のごとくである．

■**純金属** 両側の縦軸は純金属に対応する．すなわち，左側の縦軸はSn＝0%，つまり純Pb（Pb＝100%），右側の縦軸はSn＝100%，つまり

[*8)] 水の完全な状態図は以下のようになる．水，氷，水蒸気の3相が共存する3重点（●）が$f=0$となる．1気圧のもとで水平線を引いたように△が氷点（0℃），○が沸点（100℃）になる．

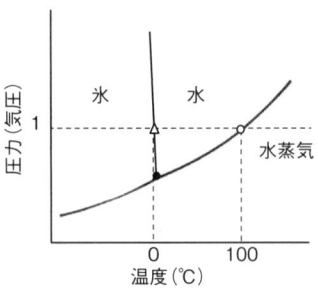

[*9)] 最も標準的な2元状態図の集録本としてMassalski, T. B.: "Binary alloy phase diagrams", ASM International, 1990 をあげる．

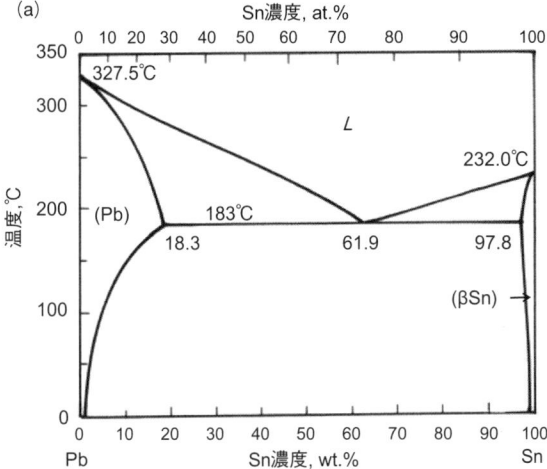

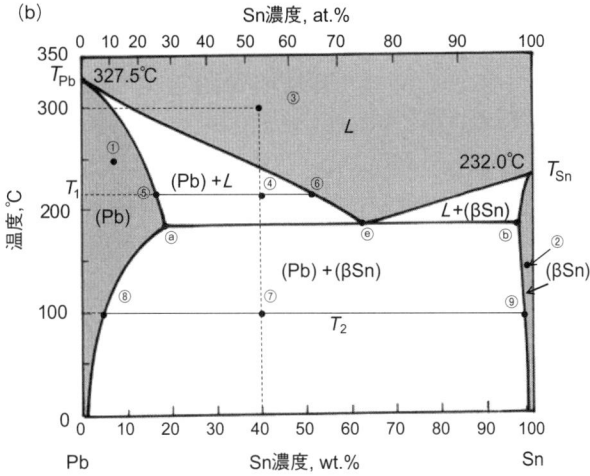

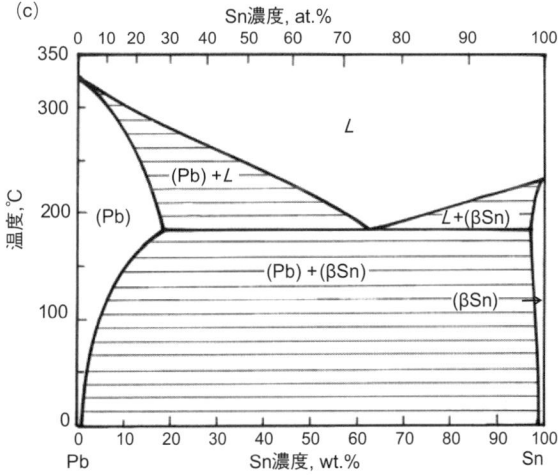

図 1.11 (a) Pb-Sn 2 元系状態図（Massalski に基づく），(b) (a) の意味，$T_{Pb}=327.5$℃ は Pb の融点，$T_{Sn}=232.0$℃ は Sn の融点．①〜⑨，ⓐⓑⓒ の意味は本文を参照．(c) Pb-Sn 2 元系状態図（共役線を追加）．

純 Sn である.

- T_{Pb}：Pb の融点（327.5℃）．純物質なので $c=1$．融点では固体と液体の2相が共存している（$p=2$）．したがって（1.7）式より，$f=0$．つまり，融点は自由には変えることができない一定の温度となる．
- T_{Sn}：Sn の融点（232.0℃）．T_{Pb} と同じ理由で $f=0$．つまり，融点は自由には変えることができない一定の温度となる．

■**単相領域**　状態図の内部で L, (Pb), (βSn) で表記した領域は，それぞれ液相（L），Pb を主体とする固溶体（Pb）[*10]，βSn（1.1.2e 参照）を主体とする固溶体の単相領域である．(1.7) 式において，$c=2$（2元合金），$p=1$（単相）であるから $f=2$ となる．つまり自由に変えることができる内部変数は濃度と温度の2つである．図 1.10 (b) で L, (Pb), (βSn) の領域をグレーで示しているように，状態図では2次元に広がっている．

[*10] Massalski の状態図では（●●）は●●を主体とする固溶体を表す.

- 点①：Pb を主体とする固溶体（Pb）相（7 wt.% Sn）の単相領域，温度は 250℃．
- 点②：Sn を主体とする固溶体（βSn）相（99 wt.% Sn）の単相領域，温度は 150℃．
- 点③：Pb-40 wt.% Sn 合金．温度は 300℃．液（L）相の溶融状態．

■**2相領域**　図 1.10 (b) の白い領域．たとえば，

- 点④：点⑤の（Pb）相（組成 20 wt.% Sn）＋点⑥の L 相（組成 52 wt.% Sn）の2相領域，$f=1$．
- 点⑦：点⑧の（Pb）相（組成 5 wt.% Sn）＋点⑨の βSn 相（組成 98 wt.% Sn）の2相領域，$f=1$．

■**3相共存不変系**　ⓐ-ⓑ 線上の点（これについては後ほど詳しく述べる）．点ⓔの L（組成 62 wt.% Sn）＋点ⓐの（Pb）相（組成 20 wt.% Sn）＋点ⓑの βSn（組成 96 wt.% Sn）の3相が共存する．$p=3$ のため (1.8) 式より $f=0$．つまり自由度は0で共存する3相の組成，温度を変化させることはできない．したがって，**不変系**である．

▶ b.　**共役線と天秤の法則**

2相領域では2つの相が共存する．ある温度で共存する2相の化学組成は，2相領域において水平に引いた線が単相領域と交わる点で表される．このような線を**共役線**（tie line）と呼ぶ．普通，状態図では共役線は表示されていないが（図 1.10 (a)），初学者は図 1.10 (c) のように，2相領域には共役線を書き込むほうが，間違いが少ない．

　例　温度 T_1 で共存する L および（Pb）相の組成はそれぞれ⑥および⑤で表される．温度 T_2 で共存する（Pb）および（βSn）相の組成は⑧および⑨で表される．

共存する2相の量の相対比は**天秤の法則**（lever relation）によって与えられる．

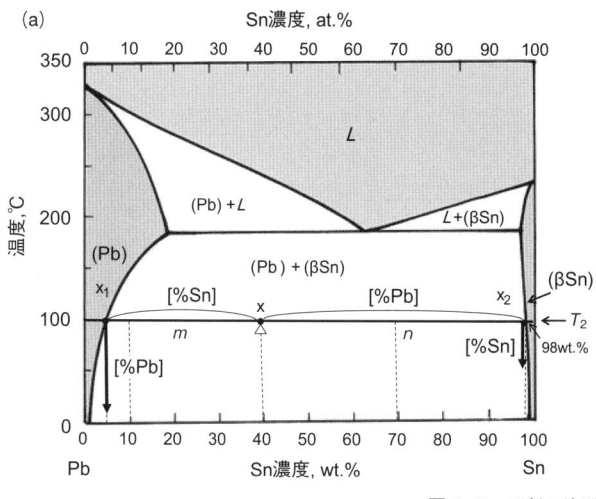
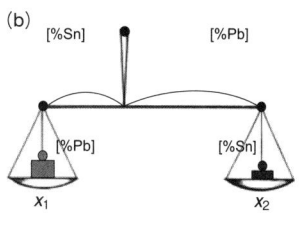

図 1.12 天秤の法則

例 図 1.12 において，x の組成を有する合金が T_2 で（この場合は 100℃）で $(Pb)+(\beta Sn)$ の 2 相領域に存在している場合を考える．α の量（[% α] で表す）と β の量（[% β] で表す）の比は $[\% \alpha]/[\% \beta] = (x_2 - x/x - x_1) = n/m$ で与えられる．

証明 組成 x_1 の相 α と組成 x_2 の相 β を $n:m$ の比で混合させて作製した合金の組成が x であることを示す．

x は x_1 と x_2 を $m:n$ の比で内分する点になる．

$$(x - x_1):(x_2 - x) = m:n$$
$$n(x - x_1) = m(x_2 - x)$$
$$nx - nx_1 = mx_2 - mx$$
$$(m + n)x = mx_2 + nx_1$$
$$\therefore x = (mx_2 + nx_1)/(m + n)$$

この法則が天秤の法則と呼ばれる所以は以下のごとくである．図 1.12 において，共役線 x_1-x_2 を天秤と考え，x に支点を置いてバランスさせることを考えよう．共役線の一方の端部 x_1 に [% βSn] に相当する重りをぶら下げ，他の端部 x_2 に [% Pb] に相当する重りをぶら下げるとバランスがとれる（図 1.12）．

x_1-x_2 に沿って合金全体の組成 x が左から右に移動する場合を考えてみよう．合金全体の組成 x が x_1 に近い場合は（図 1.12（a）で 10 wt.% Sn），合金のほとんど大部分は組成 x_1 の (Pb) 相で占められているであろう．すなわち，$[\% Pb] \gg [\% Sn]$ つまり $n \gg m$ になることは容易に想像できる．逆に x が限りなく x_2 に近い場合には，合金全体はほとんど β Sn 相から構成されるであろうから，$[\% \beta Sn] \gg [\% Pb]$ つまり $m \gg n$ となる．

問題 10 wt.% Sn および 70 wt.% Sn 合金についてそれぞれ（Pb）相の量［% Pb］および β Sn 相の量［% β Sn］を求めよ．

重要
- 共役線の端部 x_1 および x_2 はそれぞれ隣接する相（Pb 相および β Sn 相）の組成を表す．したがって，共役線上の点 x が x_1-x_2 上を移動しても（Pb）相および（β Sn）相の組成は変化しない．
- （Pb）相の量［% Pb］および β Sn 相の量［% β Sn］は天秤の法則に従って変化する．

2 元系の状態図の理解はこの 2 つの法則に尽きるが，以下に簡単な例について具体的に説明する．

1.2.2 ● 全率固溶体

2 つの成分（元素）が完全に溶けあう場合（図 1.13（a））．当然のことながら，2 つの元素の結晶構造は同じで，格子定数も近いことが必要である．

例 Ag-Au, Cu-Ni, Ni-Pd, Cu-Au など．

状態図の研究法の 1 つに，合金を液体の状態から冷却させて温度の時間変化をみる方法がある．この方法を**熱分析**（thermal analysis）[*11]といい，得られた曲線を**冷却曲線**（cooling curve）という（図 1.13（b））．もちろん，加熱中の温度の時間変化を測定することもある．この場合は**加熱曲線**（heating curve）になる．

思考実験的に冷却曲線を考えることは状態図の理解に役に立つことが多い．

まず純金属 A の冷却曲線について考えてみよう（図 1.13（b），表 1.1 参照）．純金属は 1 元系のため，自由度 $f=2-p$ で表される．

*11) これが最も一般的な熱分析である．このほかに，示差熱分析（DTA），示差走査熱量分析（DSC），熱重量分析（TGA）などがある．示差（differential）とは標準物質とサンプルの差を検出するという意味である．

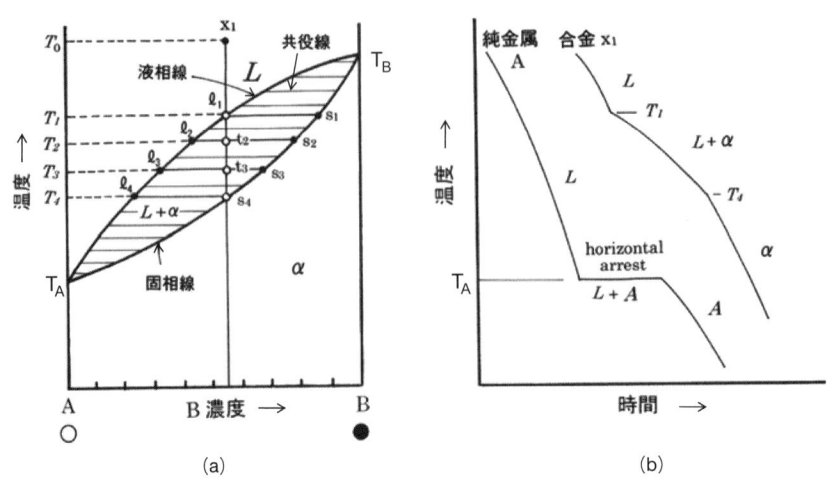

図 1.13 （a）全率固溶体の凝固過程，（b）冷却曲線

表 1.1 純金属 A の凝固過程

温度範囲	存在する相	自由度：$f=3-p$
$T>T_A$	純金属 A の液体 (L) 単相	$f=1$ (温度)
$T=T_A$	固体の純金属 A が晶出 (凝固) する	$f=0$ (不変系)
	純金属の液体＋固体 2 相領域	
$T<T_A$	純金属 A の固体単相	$f=1$ (温度)

表 1.2 55 at.% B 合金の凝固課程

温度範囲	存在する相	自由度：$f=3-p$
$T>T_1$	液体 (L) 単相	$f=2$ (濃度と温度)
$T_1>T>T_4$	L＋固溶体 (α 相) の 2 相領域 (凝固区間)	$f=1$ (温度)
	α 相が晶出する	
$T_2>T$	α 単相	$f=2$ (濃度と温度)

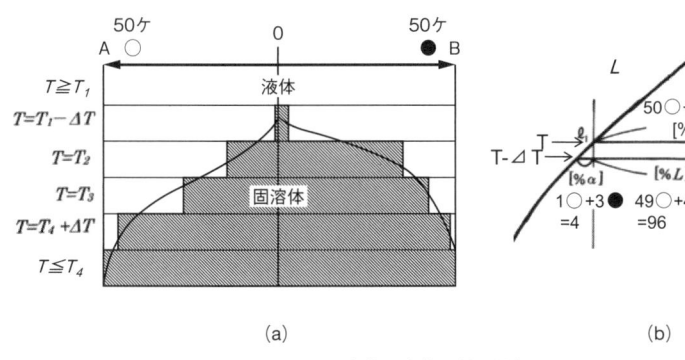
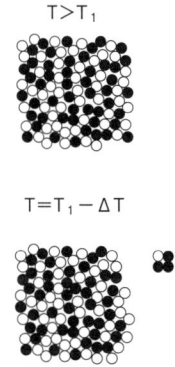
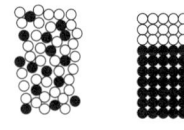
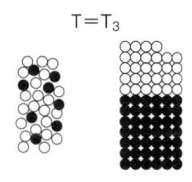
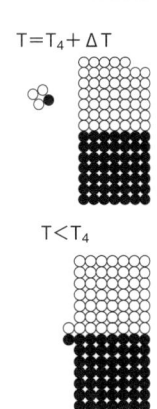

図 1.14 全率固溶体の凝固過程
(a) 原子の分配．(b) $T=T_1-\Delta T$ における共役線と天秤の法則．

温度 T_A において，凝固が開始する．つまり L と A の 2 相が存在するために，自由度 $f=0$ となり，温度は一定となる．これを horizontal arrest という．凝固が完了して L が消滅すると自由度 $f=1$ となり，再び温度は低下を開始する．

次に，55 at.% B 合金の冷却曲線を考察してみよう．

55 at.% B 合金の凝固過程は表 1.2 のようになるが，凝固区間の T_1-T_4 では凝固の潜熱が発生するために，冷却速度が低下する．そのため，T_1 および T_4 において，冷却曲線に折れ点が現れる．

モデル実験 A 元素 (○で表す) 50 個，B 元素 (●で表す) 50 個の A-B 2 元合金 (50 at.%) を考える．白色の玉 50 個と黒色の玉 50 個を準備する．ここで白球は A 原子，黒玉は B 原子とする．

まず，液体状態では白 50 個，黒 50 個を完全に混ぜ合わせる．これから，この合金を冷却していく過程を考えよう（図 1.14 (a)，図 1.15）．

温度 T_1 以上では液相 (L) 単相である．したがって，100 個の原子はすべて液体内に存在する．液体の組成は 50 at.% B である．温度 T_1 に達すると組成 s_1 (75 at.% B) の固溶体 (α) が液体より晶出する．こ

図 1.15

表1.3 50 at.% B 合金の凝固過程のモデル実験

温度	液体 (L)			固溶体 (α)		
	原子の総数	内訳	組成	原子の総数	内訳	組成
$T=T_1+\Delta T$	100 個	50○ +50●	50% B	0 個		
$T=T_1-\Delta T$	96	49○ +47●	48.96% B	4	1○ + 3●	75% B
$T=T_2$	50	35○ +15●	30% B	50	15○ +35●	70% B
$T=T_3$	30	22○ + 8●	26.7% B	70	28○ +42●	60% B
$T=T_4+\Delta T$	4	3○ + 1●	25% B	96	47○ +49●	51% B
$T=T_4-\Delta T$	0			100	50○ +50●	50% B

のときのα固溶体の量はわずかである．T_1 よりわずかに低い $T_1-\Delta T$ ($\Delta T \to 0$) で共役線を引いてみれば明らかである（図1.14 (b)）．1個のA原子（1○）と3個のB原子（3●）から構成される組成 75 at.% B のα固溶体が晶出したとしよう．残存する液体中に含まれれる原子は49個のA原子と47個のB原子（49○+47●）が含まれることになり，その組成は 48.96% B と A-rich 側にずれる．このように液体の組成は図1.13 (a) の液相線 $\ell_1, \ell_2, \ell_3, \ell_4$ に沿って A-rich 側に変化し，それに伴いα固溶体は s_1, s_2, s_3, s_4 に沿って変化し，温度 T_4 ですべての原子がα固溶体として晶出する（表1.3）．

このように，一般に合金が凝固する場合，液相と晶出する固相とは組成が異なる．

1.2.3 ● 共晶合金 (eutectic alloy)

▶ a. **成分元素であるA, Bが固体においてほとんど溶解度をもたない場合**

図1.16にその例を示す．実質的に溶解度を示さない場合でも，完全な純粋物質は存在しえない（現在最も高い純度の物質はシリコンであり，その純度は 99.999999999%，これを 11N (eleven nine) と表記する）．実際には，微量の合金元素を含む溶体である．

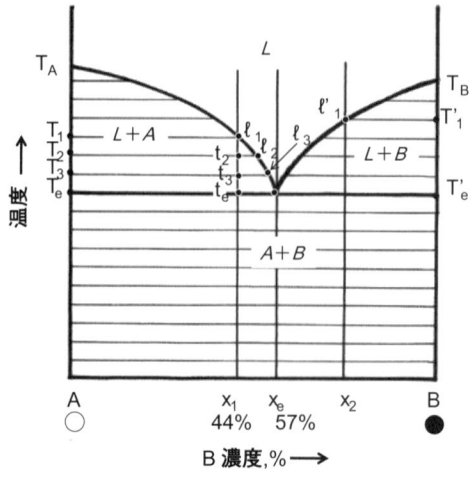

図1.16 共晶合金の凝固過程
T_A, T_B はそれぞれ A, B の融点．T_e-T_e' は共晶温度．

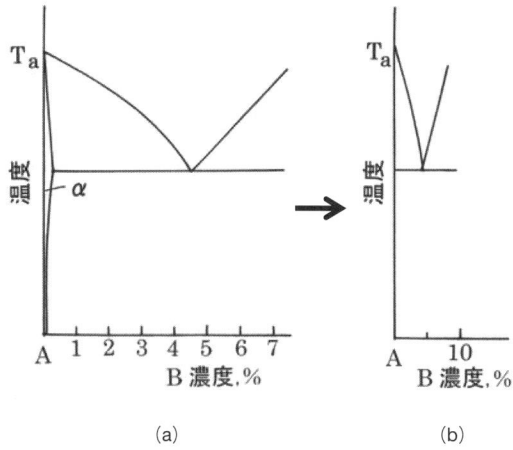

図 1.17 固溶度の小さい状態図の表記法
(a) において α 相の固溶限が非常に小さい.
(b) 温度軸と固相線および solvus が重なっている.

表 1.4 共晶組成 $x_e=57\%$ B

温度範囲	存在する相	自由度 (f)
$T>T_e$（共晶温度）	液体 L（57% B）単相	2（濃度，温度）
$T=T_e$（共晶温度）	$L+A+B$（共晶反応 $L \to A+B$ が進行中）	0
$T<T_e$（共晶温度）	$A+B$（固体 2 相）	1（温度）

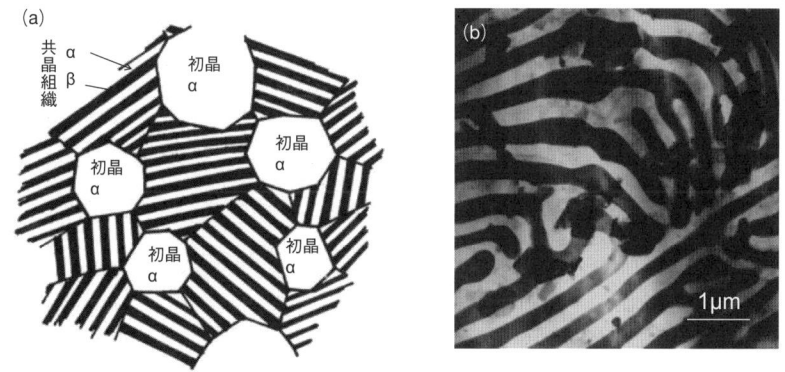

図 1.18 (a) 初晶 (α) と共晶組織の模式図，(b) Al-36 wt.% Cu 合金中の共晶組織の透過電子顕微鏡写真
白い部分が Al (FCC)，黒い部分が θ (Al_2Cu) 相．Al-Cu 2 元系状態図は図 2.2 を参照．

したがって，図 1.17 に示すように，α 固溶体の領域が非常に小さくて温度を表す座標（縦軸）と固相線や α の固溶限を示す曲線 (solid solubility curve，略して solvus) が重なって，1 本の線になっているように見えると考える．

まず，共晶組成（$x_e=57\%$ B）の合金の凝固過程を考察してみよう（表 1.4）．

$T=T_e$ では，L, A, B の 3 相が共存し，自由度 $f=0$ となる．すなわち不変系 (invariant) である．

共晶反応で形成される組織は A, B の 2 相が互いに入り組んだ組織を呈する（図 1.18 (a)）．このような組織を**共晶組織**という．図 1.18 (b) は

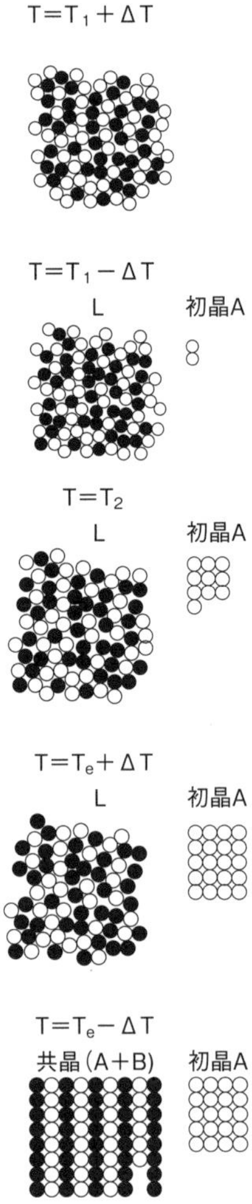

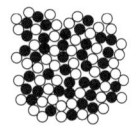

$T = T_1 + \Delta T$

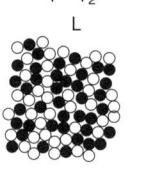

$T = T_1 - \Delta T$ L 初晶A

$T = T_2$ L 初晶A

$T = T_e + \Delta T$ L 初晶A

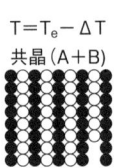

$T = T_e - \Delta T$ 共晶(A+B) 初晶A

図1.20

表1.5 組成 $x_1 = 44\%$ B

温度範囲	存在する相	自由度 (f)
$T > T_1$	液体 L（44% B）単相	2（濃度，温度）
$T_1 > T > T_e$（共晶温度）	$L + A$ の2相領域（凝固区間）	1（温度）
$T = T_e$（共晶温度）	$L + A + B$（共晶反応 $L \to A+B$ が進行中）	0
$T < T_e$（共晶温度）	$A + B$ の2相領域	1（温度）

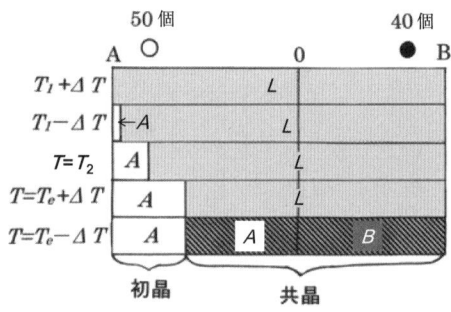

図1.19 共晶合金の凝固過程

表1.6 44% B合金の凝固過程

温度範囲	液体 (L) 組成	量	固体 (S) 組成	量	組成	量
T_1	$\ell_1(x_1)$	1		0		
T_2	ℓ_2	$T_2 t_2$	純A	$t_2 \ell_2$		
$T_3 = T_e + \Delta T$	ℓ_3	$T_3 t_e$	純A	$t_e \ell_3$		
T_e	$\ell_e \to$ A+B（共晶反応）が進行					
$T_4 < T_e$		0	純A	x_1B	純B	x_1A

表1.7 44% B合金の凝固過程のモデル実験

温度範囲	液体 (L) 原子の総数	内訳	組成	固体 原子の総数	内訳	組成
$T = T_1 + \Delta T$	90個	50○+40●	44% B	0個		
$T = T_1 - \Delta T$	88個	48○+40●	48% B	2個	2○	100% A
$T = T_2$	80個	40○+40●	50% B	10個	10○	100% A
$T_3 = T_e + \Delta T$	70個	30○+40●	57% B	20個	20○	100% A
$T = T_e$	共晶組成の液体 共晶反応（$L \to$ A+B）			100% A（20○）（初晶）↓		
$T = T_4 < T_e$	57% B（30○+40●）（共晶組織）			100% A（20○）（初晶）		
	90個（50○+40●）					

Al-Cu系合金中の共晶組織の電子顕微鏡写真である．

次に組成 $x_1 = 44\%$ B の合金の凝固過程を考察してみよう（表1.5, 図1.19, 図1.20）．この過程を少し詳しく考察すると表1.6のようになる．

モデル実験 A元素○50個，B元素●40個のA-B2元合金（44% B）を考える（表1.7）．凝固過程におけるA原子（○）とB原子（●）の分配は図1.19, 図1.20に示すようになる．

共晶反応に至る前の段階で**晶出**（液相から固相が分離）する相を**初晶**（primary）という．初晶は粗大であるのに対して，共晶組織は微細で

ある（図 1.18 (a)）.

問題 図 1.16 の x_2 の組成の合金について同様な解析を行え.

　■亜共晶，過共晶合金　共晶組成からずれた組成をもつ合金は以下のように呼ばれる.
- 亜共晶合金：$x<x_e$ の合金（hypo eutectic）
- 共晶合金：$x=x_e$ の合金（eutectic）
- 過共晶合金：$x>x_e$ の合金（hyper eutectic）

問題 図 1.16 において，共晶組織の量は B の濃度にどのように依存するか？

【解答】共晶組織の量（[%共晶] で表す）は合金が T_e まで冷却されたときに残留している液相の量（[%L_e] で表す）に他ならない．つまり，

$$[\%共晶]=[\%L_e]$$

図 1.21 において，
- 合金 x_1 の場合：$[\%共晶]=[\%L_e]=T_e t_e/T_e \ell_e$
- 合金 x_e の場合：$[\%共晶]=[\%L_e]=100\%$
- 合金 x_2 の場合：$[\%共晶]=[\%L_e]=T'_e t'_e/T'_e \ell_e$

このように，共晶組織の量は，共晶組成において 100% となり，共晶組成からずれると，組成のずれに正比例して減少する.

今，図 1.21 に示すように，T_e-X-T'_e の三角形を描く．[%共晶] は合金 x_e の場合 $[\%共晶]=100\%=\ell_e X$ とおけば，
- 合金 x_1 の場合：$[\%共晶]=[\%L_e]=T_e t_e/T_e \ell_e=t_e Y/\ell_e X$
- 合金 x_2 の場合：$[\%共晶]=[\%L_e]=T'_e t'_e/T'_e \ell_e=t'_e Y'/\ell_e X$

となり，水平線 T_e-T'_e から折れ線 T_e-X-T'_e までの垂直距離が共晶組織の量を示すことになる.

念のため，組成 x_1 の合金について A の総量を計算する.

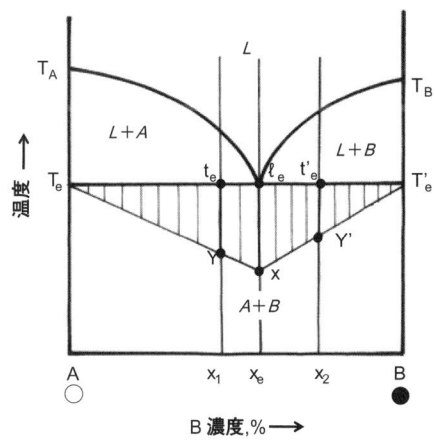

図 1.21　共晶組織の量

$$[\%\text{A}]=[\%\text{初晶 A}]+[\%\text{共晶 A}]$$

ここで，[%共晶 A]は共晶組織内の A の量を表す．

$$[\%\text{A}]=[\%\text{初晶 A}]+[\%\text{共晶 A}]$$
$$=t_e\ell_e/T_e\ell_e+[\%L_e]\times(\ell_eT_e'/T_eT_e')$$
$$=t_e\ell_e/T_e\ell_e+(T_et_e/T_e\ell_e)\times(\ell_eT_e'/T_eT_e')$$
$$=\frac{T_e\ell_e-T_et_e}{T_e\ell_e}+\frac{T_et_e}{T_e\ell_e}\times\frac{T_e'\ell_e}{T_eT_e'}$$
$$=1-\frac{T_et_e}{T_e\ell_e}+\frac{T_et_e}{T_e\ell_e}\times\frac{T_e'\ell_e}{T_eT_e'}=1-\frac{T_et_e}{T_e\ell_e}\left[1-\frac{T_e'\ell_e}{T_eT_e'}\right]$$
$$=1-\frac{T_et_e}{T_e\ell_e}\times\frac{T_eT_e'-T_e'\ell_e}{T_eT_e'}$$
$$=1-\frac{T_et_e}{T_eT_e'}$$
$$=\frac{T_eT_e'-T_et_e}{T_eT_e'}$$
$$=\frac{t_eT_e'}{T_eT_e'}$$

■**方向凝固と単結晶の成長**

合金の液体を容器（るつぼ）内で冷却すると，容器の壁側から冷却されるので，結晶は壁側から内部に向かって成長する．このような組織を**柱状結晶**という（図 1.22 (a)）．液体合金を一端から凝固させる装置を用いると共晶組織が 1 方向に揃い，竹のような方向性をもった合金が得られる（図 1.22 (b)）．このような操作を**方向凝固**（directional solidification）または**1 方向凝固**（unidirectional solidification）と呼ぶ．

固体で単相となる液体を同様に一端から凝固させると，単結晶が得られる．このような単結晶の作製法を**ブリッジマン**（Bridgman）**法**[*12]と呼ぶ．るつぼの先端を鋭くさせて縦型の炉に挿入してるつぼをゆっくりと下ろすことによって先端部から凝固が開始し，単結晶となる（図 1.23 (a)）．図 1.23 (b)はブリッジマン法で Cu の単結晶を作製しようとした

*12) Percy W. Bridgman（米国，1882～1961）と Gustav Tammann（ドイツ，1861～1938）が独立に考案．

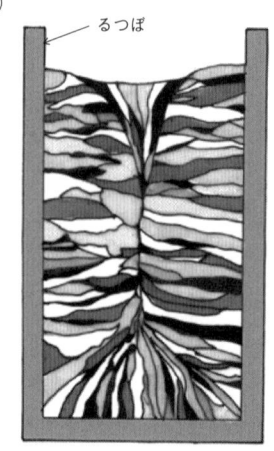 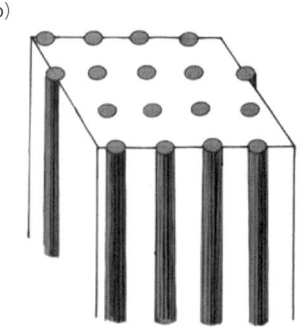

図 1.22 (a) 柱状晶，(b) 一方向凝固

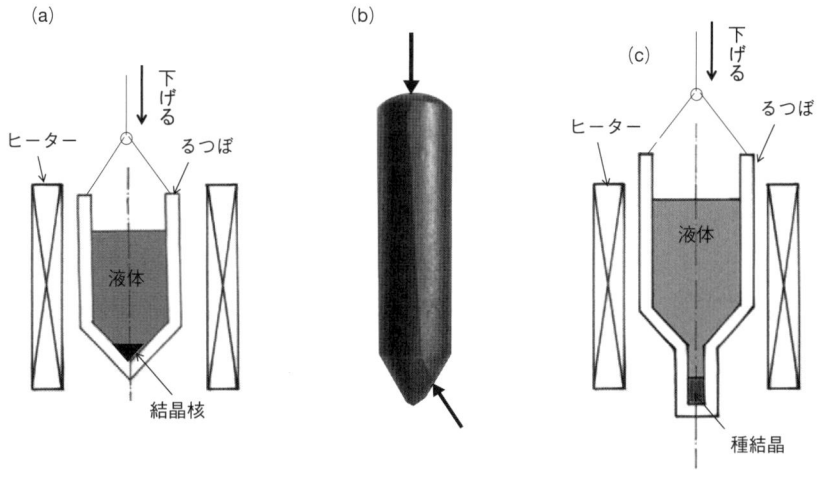

図 1.23 (a) ブリッジマン法, (b) ブリッジマン法で作製した双結晶(失敗作), (c) 種結晶付きブリッジマン法
矢印は 2 つの結晶の境界(粒界)を示す.

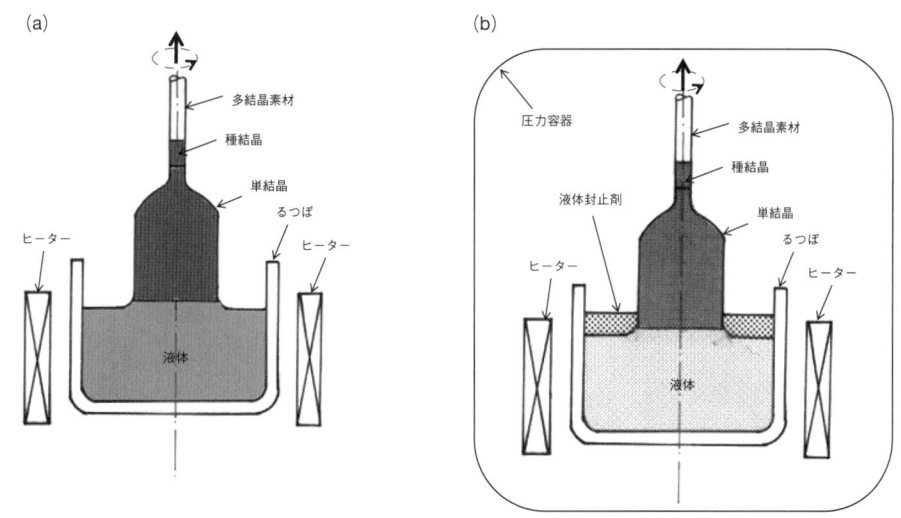

図 1.24 (a) チョクラルスキー法, (b) LEC 法

が,先端部で 2 個の結晶が同時に生成したため,それらが上部まで引き継がれて 2 つの結晶からなる双結晶(bi-crystal)[*13]となったいわば失敗作の例である.このように複数の結晶が同時に発生するのを防ぐため,あらかじめるつぼの下部に単結晶(種結晶 seed)を挿入し,この結晶をほぼ半分融解するようにるつぼの位置を調整する.その後るつぼを下ろしていくと単結晶になる確率が高くなる.しかもこの場合,種結晶の方位を選択することで所望の方位の単結晶を得ることができる(図 1.23 (c)).

我々が日常的に接する単結晶で最も重要な結晶は Si であるが,Si 単結晶はチョクラルスキー(Czochralski, CZ)法[*14]またはフローティングゾーン(floating zone, FZ)法で作製されており,前者を CZ-Si,後者を FZ-Si と呼ぶ.CZ, FZ の省略の意味が異なることに注意されたい.チョクラルスキー法の概要を図 1.24 (a) に示す.

*13) 双晶とのちがいについては 2.2.2 項の傍注 20 を参照のこと.

*14) Jan Czochralski(ポーランド,1885〜1963),チョクラルスキー法で育成中の Si 単結晶.

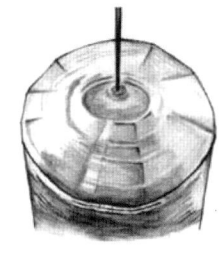

*15) 高周波コイルのほかに，電子ビーム溶解，赤外線集中加熱などが用いられる．

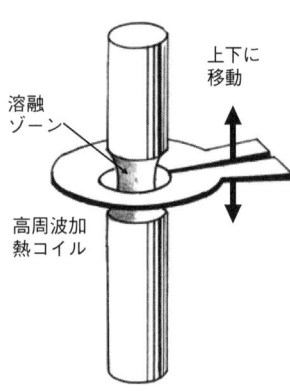

図1.25 フローティングゾーン法

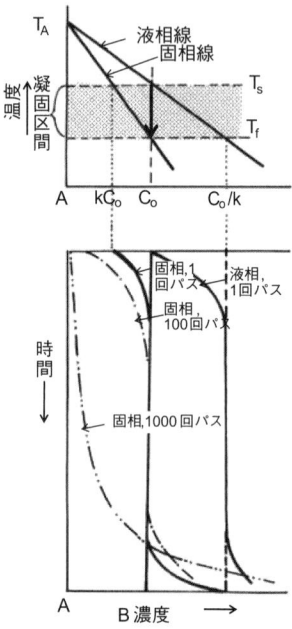

図1.26 帯溶融法による純化の原理
液相の濃度変化は1回パスのみ表示．

CZ法では，大きなるつぼで試料を溶かしたのち，上部から細い単結晶（種結晶）を挿入し，液体を種結晶に付着させたのち，種結晶を回転させながらゆっくり引き上げる．液体が蒸発しやすい場合には全体を高圧容器の中に入れて蒸発を防ぎ，単結晶を引き上げる．この方法を**液体封止チョクラルスキー**（liquid encapsulated Czochralski, **LEC**）法とよぶ（図1.24(b)）．

FZ法では棒状の多結晶試料を垂直に立て，試料の周りを集中的に加熱するヒーターで取り囲む．普通はコイル状の高周波加熱装置を用いる（図1.25）*15)．試料の一部が融解した時点でコイルをゆっくりと上げる（または下げる）と凝固部分が単結晶化する．この操作で元の多結晶サンプルを完全に掃引し，全体を単結晶化する．帯状に溶けたゾーンが浮遊しているので floating zone 法と呼ぶ．この方法ではるつぼと接触しないので，るつぼからの汚染がないため，高純度のサンプルが得られる．るつぼからの汚染の心配がない場合にはボート状の横長のるつぼを用いてヒーターを水平に移動させることも可能である．この方法は**帯溶融**（zone melting）法と呼ばれる．floating zone も zone melting の一種である．

不純物を微量に含むサンプルをFZ法やゾーンメルティング法で処理すると不純物が元のサンプルの一端に掃き寄せられ，高純度化を達成することができる．（図1.26）．

温度 T_s における液相中の不純物濃度を C_0 とすると，それに平衡する固相中の不純物濃度は kC_0 で，不純物濃度は低い．温度が下がり凝固区間（T_s-T_f）の終端 T_f に達すると固相の不純物濃度も C_0 になる．つまり，サンプルの先端部で不純物濃度が減る．逆にいえば，サンプルの末端部に不純物が掃き寄せられることになる．この操作は何回も繰り返すと，末端部を除けばサンプル全域にわたって不純物濃度が減少し，純化されることになる．

▶ **b. 固相内で固溶限を有する場合**

図1.17(b)でα相やβ相の固溶限が大きい場合に相当する．

図1.27(a)の $x_1, x_2, x_3, x_4, x_5, x_6, x_7$ の組成の合金を液体 L から冷却する際におきる反応をまとめると，図1.27(b)のごとくになる．

問題 各組成に対する冷却曲線を模式的に描け．

1.2.4 ● 共析反応（eutectoid reaction）

高温において，液体から全率固溶体γが晶出する．このγが，さらに冷却されるとα+βに分解する．この反応は共晶反応と同様の分解型反応であるが，反応に関与するすべての相（γ, α, β）が固体である場合（図1.28）．

1.2.5 ● その他の分解型不変系反応

分解型反応をまとめると図1.29のようになる．

1.2 平衡状態における2元系合金

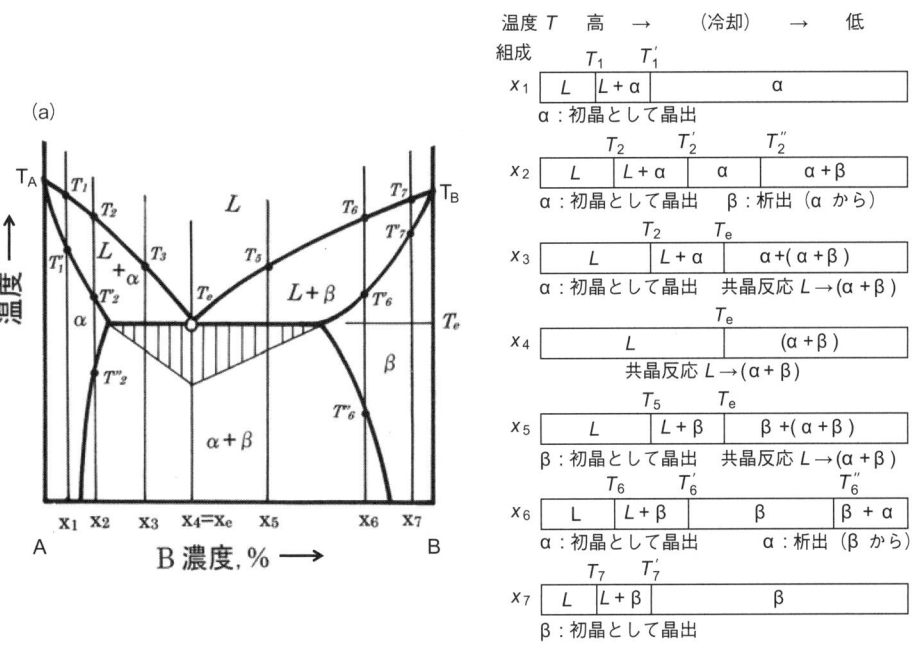

図1.27 初晶が固溶限を有する場合の共晶反応
(a) 共晶反応を示す T_e における水平線の下の三角形は共晶の量を示す（図1.21参照）．(b) $x_1 \sim x_7$ の各合金の凝固過程

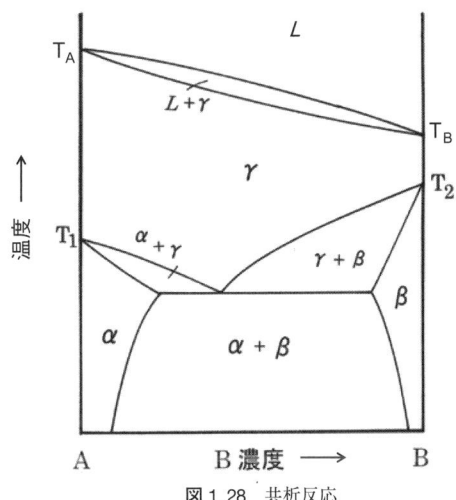

図1.28 共析反応

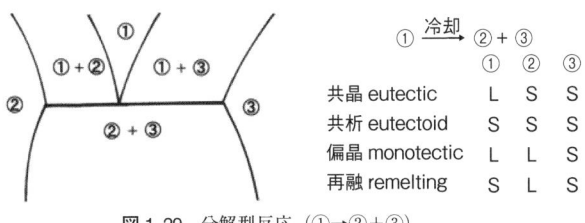

図1.29 分解型反応（①→②＋③）

1.2.6 ● 包晶反応 (peritectic reaction)

共晶の逆反応，つまり，共晶合金を室温から加熱していくときに起きる反応に対応する（図1.30）．

組成 x_1 の合金の凝固過程をまとめると表1.8のようになる．

組成 x_2 の合金の凝固過程をまとめると表1.9のようになる．

包晶反応の過程の理解を助けるために，モデル実験を行ってみよう．図1.31において，組成 x_1(50 at.% B) の合金を考えよう．

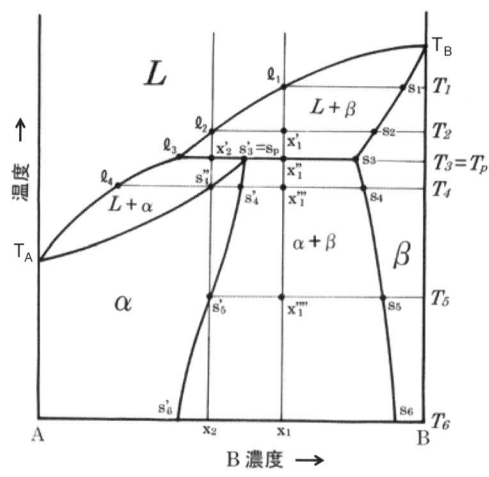

図 1.30 包晶反応

表 1.8 組成 x_1 の合金の凝固過程

温度範囲	L 組成	量	β 組成	量	α 組成	量
$T > T_1$	x_1	100%				
$T = T_1 - \Delta T$	$\ell_1 (\fallingdotseq x_1)$	~99%	s_1	~1%		
$T = T_2$	ℓ_2	$s_2 x_1'$	s_2	$\ell_2 x_1'$		
$T = T_3 + \Delta T$	$\fallingdotseq \ell_3$	$\sim s_3 x_1''$	$\fallingdotseq s_3$	$\sim \ell_3 x_1''$		
$T = T_3$		$L(\ell_3) + \beta(s_3) \to \alpha(s_3' = s_p)$ 包晶反応				
$T = T_3 - \Delta T$			s_3	$s_3' x_1''$	s_3'	$x_1'' s_3$
$T = T_4$			s_4	$s_4' x_1'''$	s_4'	$x_1''' s_4$
$T = T_5$			s_5	$s_5' x_1''''$	s_5'	$x_1'''' s_5$

表 1.9 組成 x_2 の合金の凝固過程

温度範囲	L 組成	量	β 組成	量	α 組成	量
$T > T_2$	x_2	100%				
$T = T_2 - \Delta T$	$\ell_2(C)$	~99%	s_2	~1%		
$T = T_3 + \Delta T$	ℓ_3	$s_3 x_2''$	s_3	$\ell_3 x_2''$		
$T = T_3$		$L(\ell_3) + \beta(s_3) \to \alpha(s_3' = s_p)$ 包晶反応				
$T = T_3 - \Delta T$	ℓ_3		$\sim s_3'$	$\sim s_3' x_1''$	$\sim s_3'$	$\sim x_1'' s_3$
$T = T_4 + \Delta T$	ℓ_4	~99%			$s_4''(\fallingdotseq x_2)$	~1%
$T = T_4 \sim T_5$					x_2	100%
$T = T_5 - \Delta T$			s_5	~1%	s_5'	~99%
		α 相から β 相が析出				
$T = T_6$			s_6	$s_6' x_1$	s_6'	$x_1 s_6$

1.2 平衡状態における 2 元系合金　25

表 1.10　x_1（＝50 at.% B：50 ○＋50 ●）

温度範囲	原子の総数	L 内訳	組成	原子の総数	α 内訳	組成	原子の総数	β 内訳	組成
$T>T_1$	100 個	50 ○＋50 ●	50% B						
$T=T_1-\Delta T$	95 個	49 ○＋46 ●	48.4% B				5 個	1 ○＋ 4 ●	80% B
↓							↓		
$T=T_3+\Delta T$	50 個	35 ○＋15 ●	30% B				50 個	15 ○＋35 ●	70% B
$T=T_3=T_p$				何が起きているのか？（図 1.24 参照）					
$T=T_3-\Delta T$				80 個	44 ○＋36 ●	45% B	20 個	6 ○＋14 ●	70% B

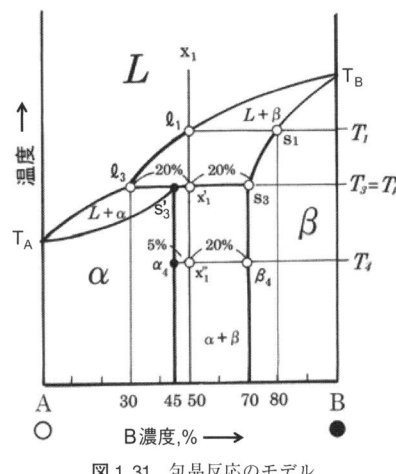

図 1.31　包晶反応のモデル

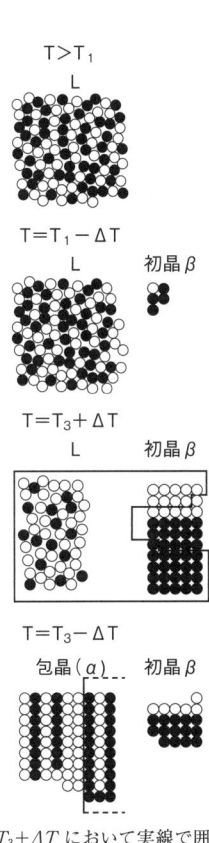

図 1.33　$T=T_3+\Delta T$ において実線で囲った領域の原子が反応して包晶 α 相となる．$T=T_3-\Delta T$ における包晶のうち右側の 3 列の原子が初晶 β 相から移動してきた原子である．

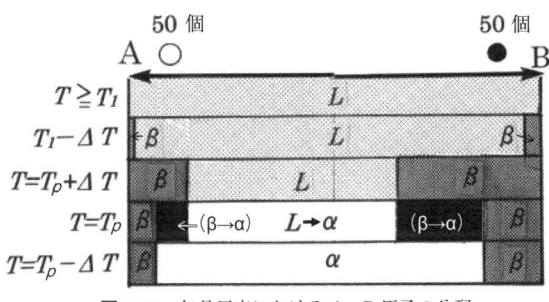

図 1.32　包晶反応における A, B 原子の分配

モデル実験　A 原子（○）50 個と B 原子（●）50 個から構成される合金を考える（表 1.10）．

T_p で何が起こっているかを考察してみよう（図 1.32, 図 1.33）．残留している $L(\ell_3)$ と初晶 $\beta(s_3)$ が反応して $\alpha(s_3')$ が生成される．包晶反応前後で β 相の組成は不変で，量だけが $x_1'\ell_3$ から $x_1's_3'$ へ減少していることに注意．$T=T_p$ で黒塗りした量だけの A, B 原子が β 相から出て，L 相と反応して α 相を生成しなければならない．そのため，α 相は β と L の界面，すなわち β 初晶を包むようにして晶出する（図 1.34）．これが

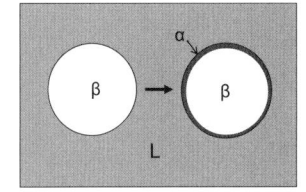

図 1.34　包晶反応における α 相の生成過程

包晶反応と呼ばれる理由である．

問題 図 1.30 において x_1, x_2 の組成を有する合金を L から徐冷した際の冷却曲線を求めよ．また，各温度領域で起きる相変態について説明せよ．

1.2.7 ● その他の加成型不変系反応
加成型反応をまとめると図 1.35 のようになる．

1.2.8 ● 中間相を含む状態図
A-B 2元系状態図において，A または B を主体とする固溶体を **1次固溶体**（primary solid solution）という．それに対して，A あるいは B の濃度がかなり高くなると，1次固溶体とは全く別の相が現れることがある．このような場合，その相を **中間相**（intermediate phase）という．中間相のうち，A：B の比率が簡単な一定の比率（**定比** または **化学量論組成**（stoichiometry）という）の相を **金属間化合物**（intermetallic compound）という．しかし，この定比率に従わない **不定比**（non stoichiometry）の化合物も多く存在し，中間相と金属間化合物は明確には区別されていない（1.1.2h 項参照）．

▶ a. 中間相が自己の融点を示す場合

中間相 A_mB_n が存在し，自己の融点を示す（congruent という）場合の状態図を図 1.36 に示す．$(A-A_mB_n)$ 系と (A_mB_n-B) 系をそれぞれ独立した2元系とみなすことができる．すなわち，

$$(A-B)系 = (A-A_mB_n)系 + (A_mB_n-B)系$$

と考えることができる．つまり，A_mB_n を1つの成分とみなすことができる．独立した2元系とみなした $(A-A_mB_n)$ 系や (A_mB_n-B) 系を **擬2元**

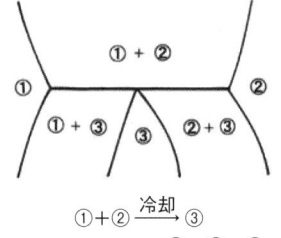

	①	②	③
包晶 peritectic	L	S	S
包析 peritectoid	S	S	S
合成 sinthetic	L_1	L_2	S

図 1.35 加成型反応（①+②→③）

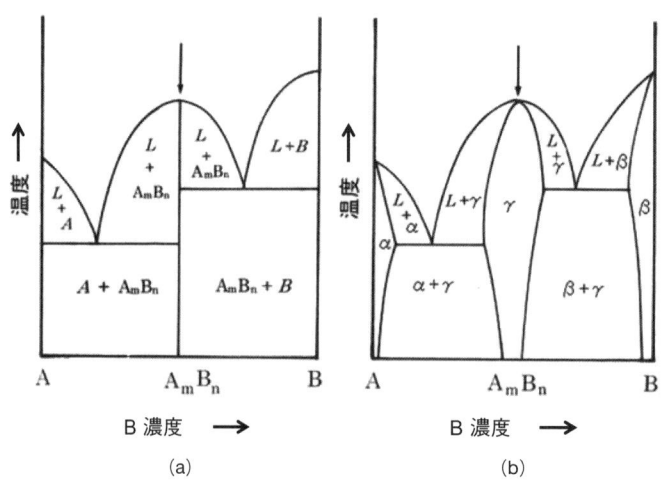

図 1.36 自己の融点を有する中間相（A_mB_n）が存在する場合
(a) は A，A_mB_n，B のすべての相が溶解度を有しない場合．典型的な例は化合物半導体の Ga-As, In-Sb 系など．(b) は A (α), B (β), A_mB_n (γ) 相が溶解度を有する場合．

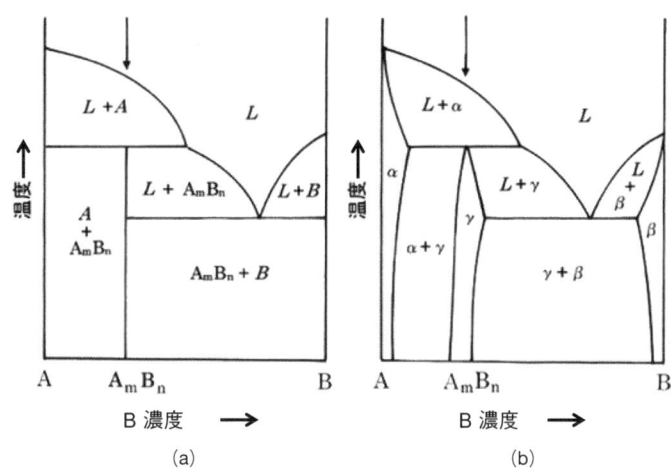

図 1.37 自己の融点をもたない中間相（A_mB_n）が存在する場合
(a) は A, A_mB_n, B のすべての相が溶解度を有しない場合．(b) は A (α), B (β), A_mB_n (γ) 相が溶解度を有する場合．

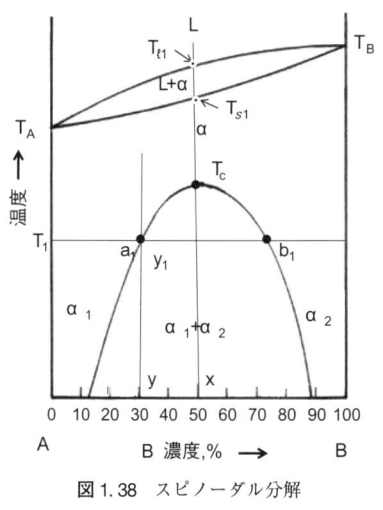

図 1.38 スピノーダル分解

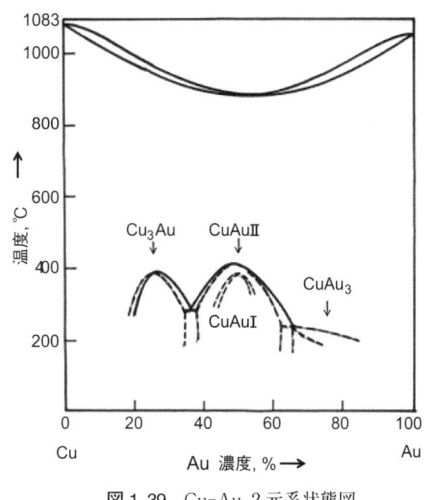

図 1.39 Cu-Au 2元系状態図

系（pseudo-binary system）と呼ぶ．

▶ **b. 自己の融点を示さない場合**

中間相 A_mB_n が自己の融点を示さない場合，包晶反応となる（図 1.37）．

1.2.9 ● 2相分離と規則合金

1.2.2 項で述べた全率固溶体において，高温では完全に溶けあっても低温になると2相に分離する場合がある．その典型的な例を図 1.38 に示す．固相内での2相分離を示す線を**固溶度線**（solid solution curve, 略して solvus）という．2相分離曲線の頂点の温度を臨界温度（T_c）という．

合金 x を L から冷却すると $T_{\ell 1}$ で α 相の晶出が開始し，T_{s1} で凝固が完了する．ここまでは全率固溶体の凝固と同じである（1.2.2 項の図 1.13 参照）α 固溶体は温度 T_c で2相分離の solvus に到達すると，α_1 と α_2 の

2つの固溶体に分離する．ここで，α_1 と α_2 はもともと α 固溶体から分離したものであるから，結晶系は同じであるが，組成は，α_1 が A に富む（A-rich）であるのに対して，b_1 は B に富む（B-rich）である．

一方，合金 y を L から冷却すると，凝固完了後，温度 T_1 で α_1 から α_2 が析出する．

これとは対照的に，低温では規則合金を形成する場合もある．図 1.39 は Cu-Au 系の状態図で，3 種類の規則合金，Cu_3Au，CuAu I，CuAu II が形成されている．ここで，Cu_3Au，CuAu I，CuAu II は図 1.9 (b)，(c) および (e) に示した規則合金である．

このように高温で完全に不規則な全率固溶体が，低温になると 2 相分離したり規則化したりする理由は，A-B 原子間の相互作用による．A-B 2 元系において，A，B の原子が完全に分け隔てなく，平等に取り扱われている場合を**理想溶体**（ideal solution）という．この場合の A，B の配列は完全に無秩序（random）である．しかし，A 原子と B 原子が互いに反発（repulsive）するような場合には，A-A，B-B の組み合わせのほうが，A-B の組み合わせより優先されるであろう．その結果，A 原子は A 原子同士，B 原子は B 原子同士が寄り集まり，**クラスター**（cluster）を形成する．これがさらに進行すると 2 相分離が起きる．

一方，A 原子と B 原子が互いに引き合う（attractive）場合には，A-B の組み合わせが優先され，A 原子の隣には B 原子が，B 原子の隣には A 原子が来るために，**規則化**（ordering）が起きる．したがって，2 相分離も規則化も，理想溶体からの乖離（ずれ）に起因する．

高温になると規則化や 2 相分離が消滅するのは，エントロピー（S）の効果による．エントロピーとはいかに無秩序であるかを表すパラメータである．A-B 2 元系固溶体全体の自由エネルギー G[*16] は，

$$G = H - TS$$

で表される．

ここで H はエンタルピーである．この式で，エントロピーは $-ST$ の形で入ってくる（ここで T は絶対温度）．つまり，高温になる（T が大きい）ほど，エントロピーの効果が効いて，系全体の自由エネルギー G を下げるので，無秩序すなわち，不規則固溶体が 2 相分離や規則合金に優先される．

[*16] 詳細は 3.1.3 項を参照．

1.2.10 まとめ

▶ a. 基本となる状態図

複雑な状態図も，これまで述べてきた基本系の組み合わせである（図 1.40）．

▶ b. 2 元合金状態図の誤りやすい点

以下の点に注意が必要である．

① 隣りあう単相領域は，互いにそれぞれの相を含む 2 相領域によって分けられる（図 1.41）．

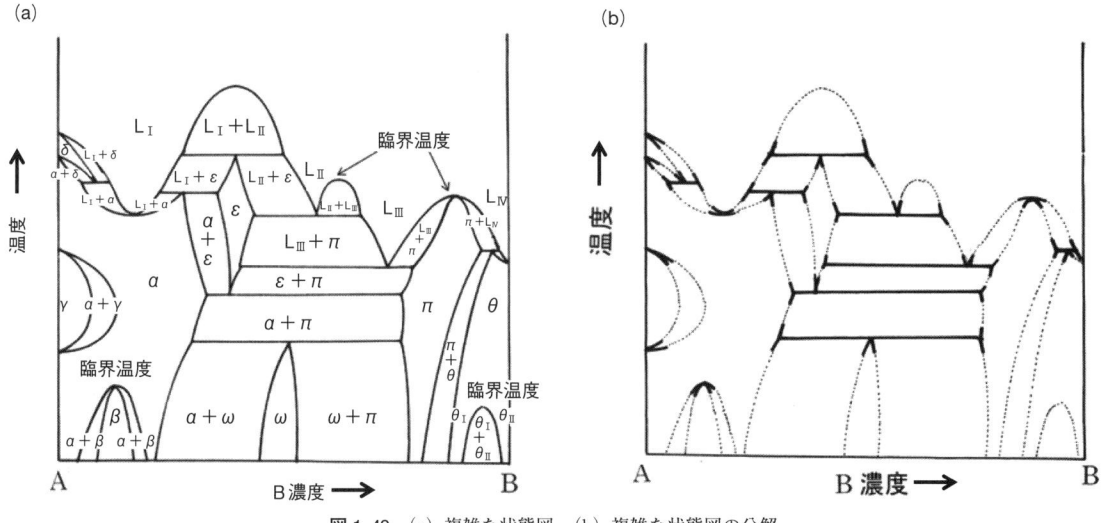

図1.40 (a) 複雑な状態図，(b) 複雑な状態図の分解

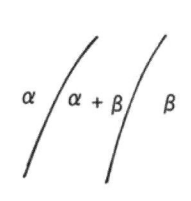

図1.41 単相領域と2相領域

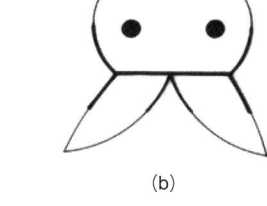

図1.42 (a) 共晶，(b) 共晶がひっくり返れば包晶．

② 2つの2相領域の境界線（6本）はそれぞれの3相反応の**水平線**からでなければならない（図1.42）．逆にいえば，3相反応の水平線から出る2相領域の境界線は（上4本＋下2本），または（上2本＋下4本）の合計6本である．

③ 単相領域どうしは互いに1点でのみ接することができる．もし，図1.43（e）のようになると，温度T'では（α+γ）と（γ+β）の2相領域が独立に存在するが，温度T''ではそれらが（α+β）の2相領域になってしまう．つまり，温度Tではα（組成：a），β（組成：b），γ（組成：c）の3相が共存することになる．その場合には，不変系になるのでa,c,bを結ぶ3相平衡の水平線が必要である（図1.43（f）で水平な矢印で示す）．さもなくば，極大または極小点で一致すべきである（図1.43（a）または（b））．

④ 任意の単相領域の境界線の延長線（準安定）はその単相領域内には存在できず，隣接する2相領域内になければならない（したがって，それらの2本の単相領域の境界となす角度は＜180°．図1.44）．

問題 この理由を説明せよ．

【ヒント】図1.45において，組成xの合金を（α+L）の2相領域から

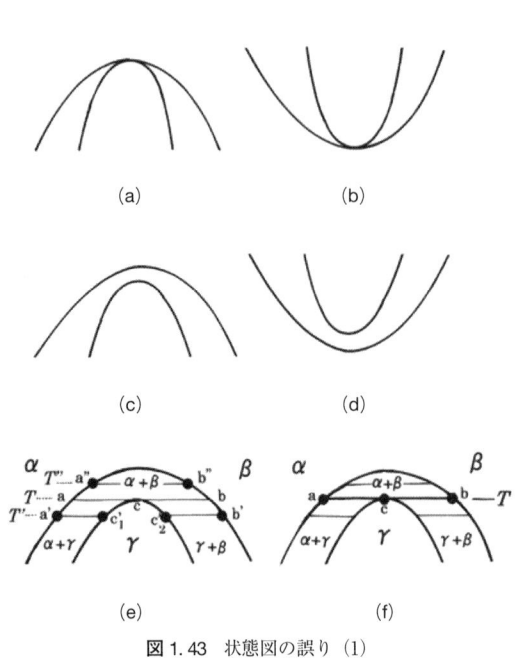

図 1.43 状態図の誤り (1)
(a) (b) は正しいが (c) (d) (e) は間違い．(f) のように 3 相平衡の水平線が入ればよい．

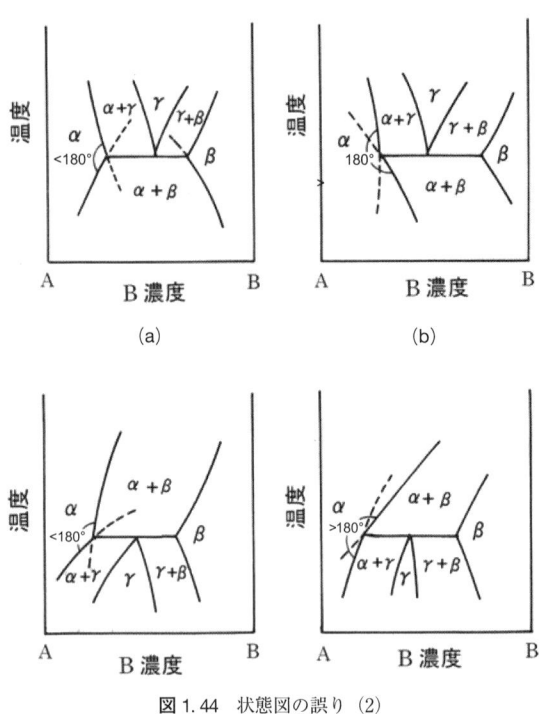

図 1.44 状態図の誤り (2)
(a) (c) は正しいが，(b) (d) は間違い．

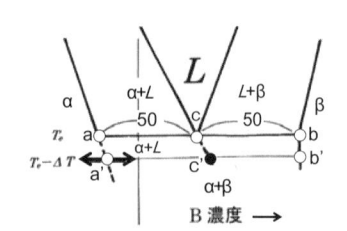

図 1.45 平衡濃度と準平衡濃度の違い

冷却する過程を考えよ．共晶温度 T_e を通過しても，共晶反応が起きずに $(\alpha+L)$ の 2 相領域が T_e 以下の低温 $(T_e-\varDelta T)$ まで降下したとする．このような状況を**準安定平衡**（metastable equilibrium）状態という．この場合，液相線の延長線は cc' に沿い，α の固相線の延長線は aa' になる．一方，平衡状態では T_e において，$L \to \alpha+\beta$ の共晶反応が起き，L は消滅し，$(\alpha+\beta)$ の 2 相となる．このときに析出する β の組成は b（あるいはそれに限りなく近い b'）である．準安定組成 c' よりもはるかに B-rich な b（b'）組成の β と共存するために，α の組成は準安定組成 a' より B-rich 側にずれるべきか，A-rich 側にずれるべきか考察せよ．

⑤ その他の誤った例など図 1.46 に示す．

問題 図 1.46 に示すそれぞれの図が誤りである理由を述べよ．

問題 A 元素に B 元素を加えていき，その際に生成される α 固溶体の温度 T における格子定数の変化を，B 濃度の関数として測定したとしよう．B 原子は A 原子よりも原子半径が大きく，そのため，B 原子の添加によって α 固溶体の格子定数は増加すると仮定する．この場合の格子定数の変化は図 1.47 に示す ABC，ABD，ABE のうち，どれがもっとも正しそうか考察せよ．

問題 図 1.48 において誤りがある．正しい状態図を描け．ただし，破線は磁気変態温度を示す．

問題 図 1.49 は未完の状態図である．これを完成させよ．

図 1.46 状態図の誤り (3)

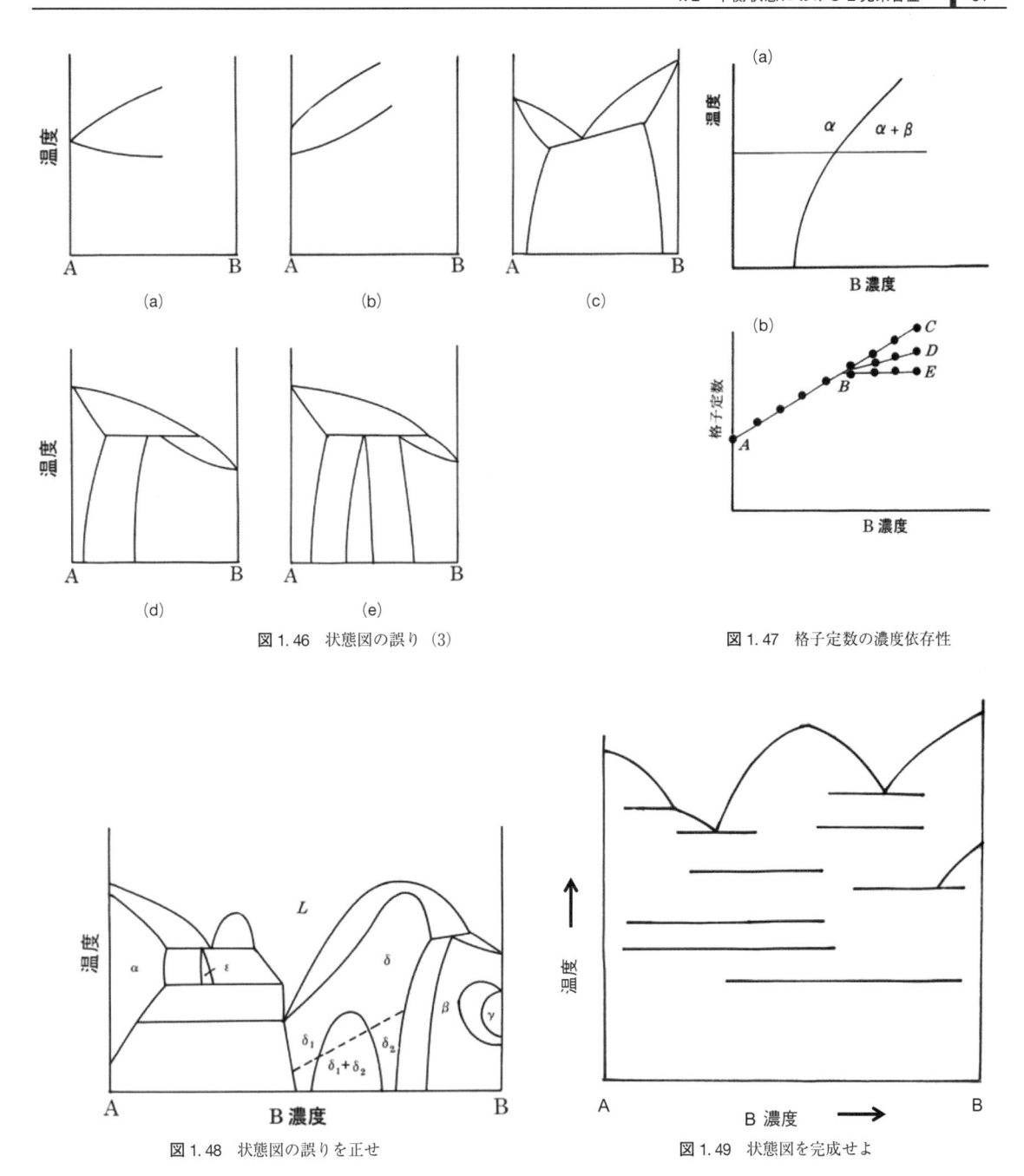

図 1.47 格子定数の濃度依存性

図 1.48 状態図の誤りを正せ

図 1.49 状態図を完成せよ

問 題 次の条件によって Hf-Th 2 元系状態図を 1000℃〜2400℃ の範囲で作成せよ（横軸は at.% とし，各領域には相の名前も記入すること）．

(ⅰ) Hf の融点：2230℃，Th の融点：1760℃．
(ⅱ) Hf には 1750℃ に相変態点があり，低温側を α 相，高温側を β 相とする．Th には 1360℃ に相変態点があり，低温側を γ 相，高温側を δ 相とする．
(ⅲ) α 相は，Th をわずかに固溶し，α 固溶体を形成する．α 固溶体

の最大固溶度は，1300℃～1600℃で2% Th であり，1000℃における固溶度は 1% Th である．

β 相は α 相と同様に，Th をわずかに固溶し，β 固溶体を形成する．β 固溶体の最大固溶度は，1600℃で 5% Th である．

γ 相は，Hf を固溶し，γ 固溶体を形成する．γ 固溶体の最大固溶度は，1300℃で 5% Hf であり，1000℃における固溶度は 3% Hf である．

δ 相は γ 相と同様に，Hf を固溶し，δ 固溶体を形成する．δ 固溶体の最大固溶度は，1450℃で 17% Hf である．

(iv) この系には次の 3 つの不変系反応（平衡反応）がある．ただし，左辺が高温側の相である．

a) 1600℃：
β 固溶体(5% Th) → α 固溶体(2% Th) + 液体(57% Th)

b) 1450℃：
液体(68% Th) → α 固溶体(2% Th) + δ 固溶体(83% Th)

c) 1300℃：
δ 固溶体(90% Th) → α 固溶体(2% Th) + γ 固溶体(95% Th)

(v) 相境界はすべて直線とする．

1.3 2元系状態図における凝固時における平衡状態からのずれ

1.3.1 ● 全率固溶合金

凝固時においては液相と固相が反応に関与する．液相内での**拡散**[*17]に比べて固相内での拡散は遅い．このために，通常の冷却（**自然冷却**）では平衡からのずれが発生し，平衡状態図から予想される組織とは異なる組織が得られることになる．

ここで，以下のような仮定を設ける．

① 固相内での拡散は液体に比べて小さい．
② 液相内での拡散は十分大きい．
③ 固液界面では平衡状態が成り立つ．

図 1.50 において，組成 x_1 の合金を液体から凝固させる場合を考える．温度 T_1 において組成 ℓ_1 の液相から組成 s_1 の固相が晶出する．温度が T_2 まで下がると，平衡状態では，固相内でも長時間かけて拡散が起きるため，全体として均質な組成 s_2 を示す．自然冷却では温度 T_2 で晶出した組成 s_1 の固体の周りに組成 s_2 の固相が覆いかぶせるように晶出する．その結果，固相の内部と表面とで組成が異なり，全体としての平均値は s_1 と s_2 の中間の s_2' となる（図 1.51）．このように中心と周辺部で組成が異なる組織のことを**有核組織**（cored structure）という．また，本来均質に分布すべき溶質原子が不均質に分布し，過剰に存在することを**偏析**（segregation）という．

このように，自然冷却では平衡冷却よりも B 濃度が不足気味になり，

*17) **拡散**（diffusion）：コップの水の中に赤いインクを 1 滴落とすと次第に広がっていく．このような現象を拡散という．固体の中では，原子が移動して広がっていく．**撹拌**（stirring）は外部からかき混ぜることをいう．

図1.50 自然冷却中の固相線

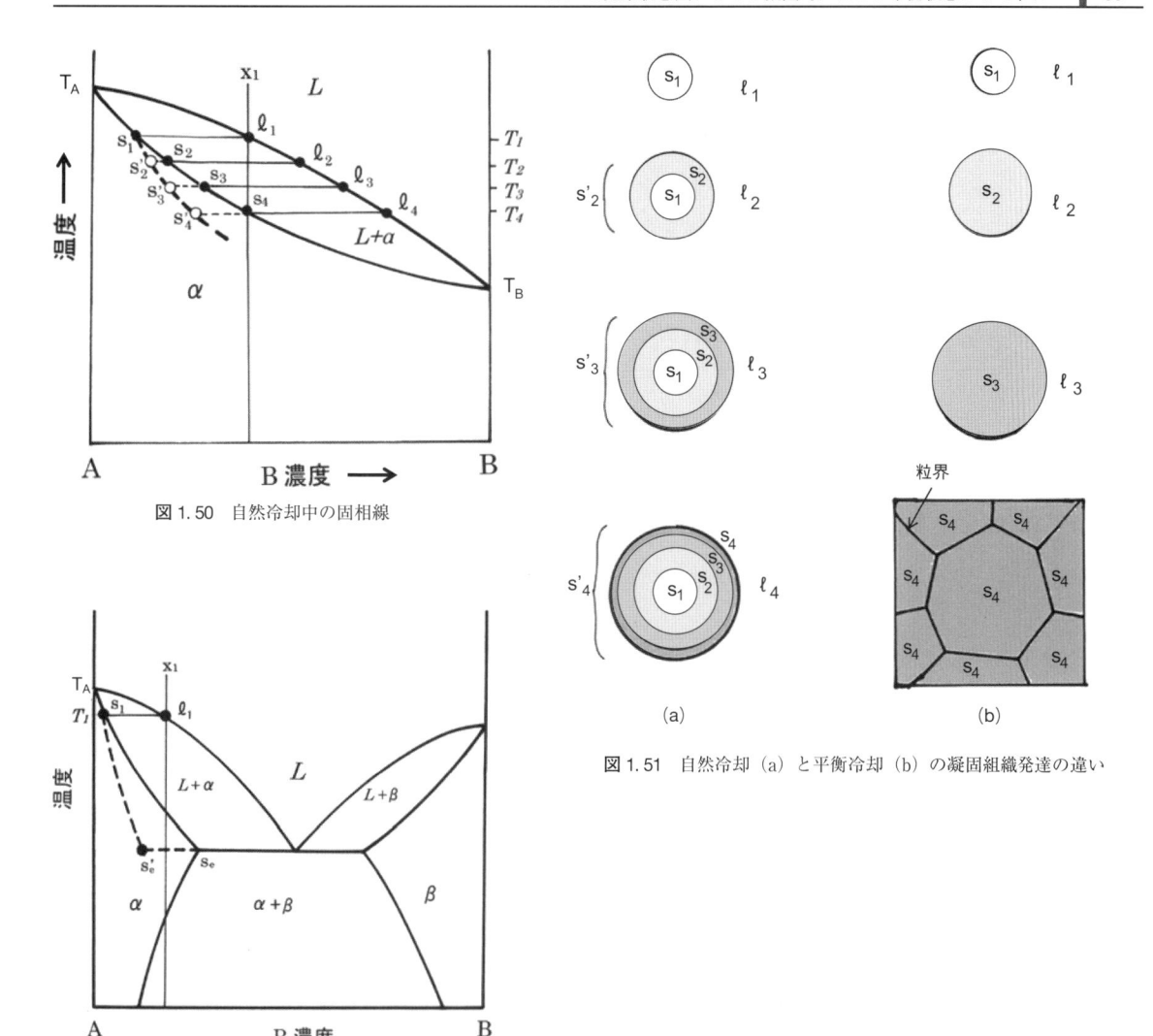

図1.51 自然冷却（a）と平衡冷却（b）の凝固組織発達の違い

図1.52 自然冷却による共晶反応の拡大
平衡冷却では s_e より β の濃度が低い組成では共晶反応は起きないが，自然冷却では s'_e の組成まで共晶反応が起きる．

固相線が下側にずれる．温度 T_4 に達すると，平衡状態では合金はすべて s_4 の組成をもつ固相になり凝固が完了するが，自然冷却では，凝固は完了せず，ℓ_4 の組成をもつ液相が残留する．

1.3.2 ● 共晶合金

共晶合金では自然冷却の場合に固相線が下側にずれる（図1.52）．その結果，本来，共晶組成に達していない組成の合金（たとえば x_1）でも共晶反応が起きる．

1.3.3 ● 包晶合金

包晶合金の場合，凝固時の平衡からのずれは非常に大きい．これは包晶反応 $L+\beta \rightarrow \alpha$ により反応生成物が L と β の界面に形成することに起因する．つまり L と β の間に α 相が形成されるやいなや，図1.53に示すよ

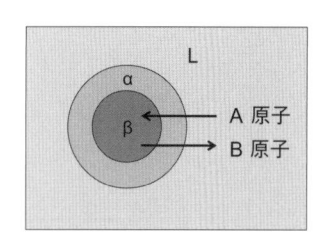

図1.53 包晶反応における A, B 原子の移動

うに，A, B原子のやりとりがα相を横切ってβとLの間で起きなければならない．このため，αの成長は著しく遅くなり，包晶反応が完結しない場合がしばしば起きる．

すなわち，図1.54 (a)において，組成xの合金を液体から冷却すると，

① $T_1 > T > T_4 + \Delta T$：有核組織のβ相が初晶として晶出する．β相の平均の組成は$β_1 \to β_2' \to β_3' \to β_4'$と変化する．

② $T = T_4 + \Delta T$：
$$β_4'の量 = x_4ℓ_4/β_4'ℓ_4 < x_4ℓ_4/β_4ℓ_4$$
$$ℓ_4の量 = β_4'x_4/β_4'ℓ_4 > x_4β_4/β_4ℓ_4$$
つまり$β_4'$は平衡状態よりβに富んでいる（β-rich）．

③ $T = T_4$：$ℓ_4 + β_4' \to α_4$の反応が部分的に進行し，α相がL, β相の境界面に形成される．その後の包晶反応が進行するためには固体であるα相を横切ってAまたは／およびB原子が拡散する必要がある．固体内での拡散は極めて遅いため，この包晶反応は進行しない．

④ $T < T_4$：残存している$ℓ_4$から直接，あたかも初晶のように，有核組織のα相が晶出する．その結果，β相を核としα相（平均組成は$α_5' \to α_6'$と変化する）がβ相を包むような有核組織が形成される（図1.55）．

⑤ $T = T_7$：残存していたL_4は凝固区間（$ℓ_4 - α_7'$）が終了し，組成$α_7'$のα固溶体になる．

問題 組成yの合金の自然冷却中の反応について考察せよ．

このように，包晶合金においては，包晶温度において$L + β \to α$の包晶反応により一瞬α相が生成されるが，その後は$L \to α$の凝固が進行し，

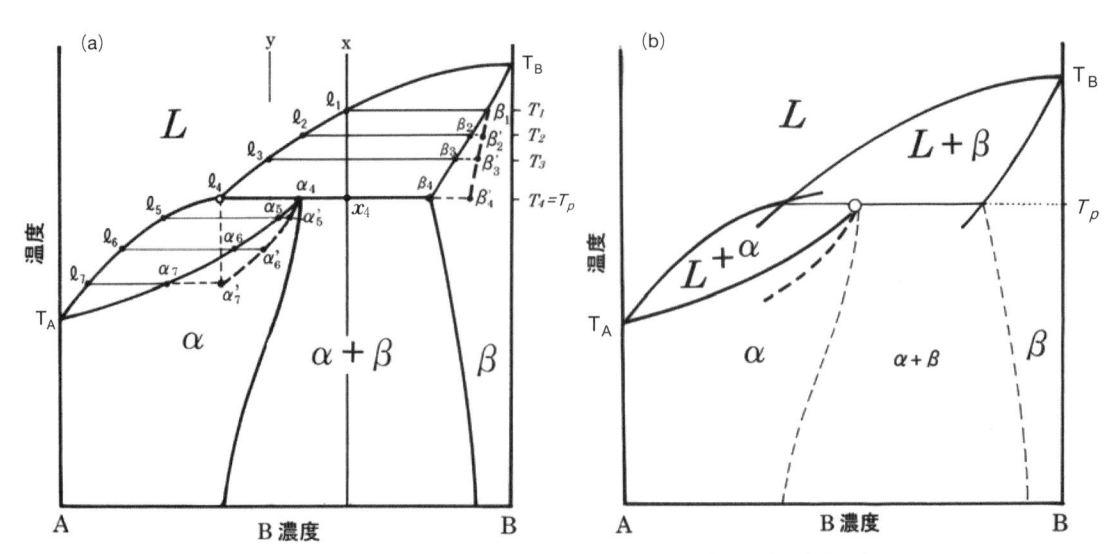

図1.54　(a) 包晶反応における自然冷却，(b) 自然冷却では包晶反応は起きにくい

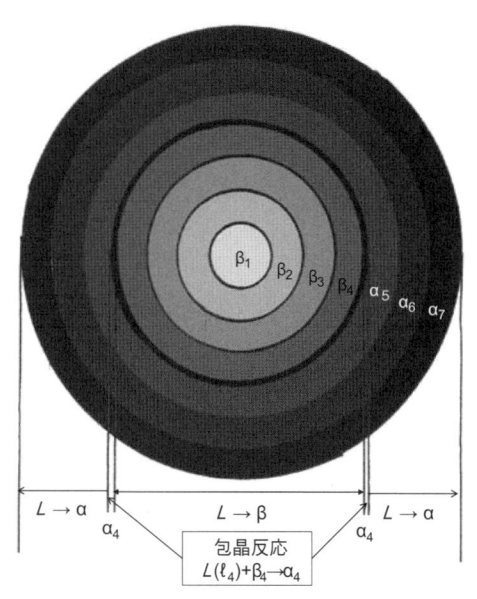

図 1.55 包晶合金の自然冷却における有核組織の形成

($\alpha+\beta$) の 2 相領域を示す solvus はあたかも存在しないかのようにふるまう（図 1.54 (b)）.

包晶反応を示す中間相を融液からの冷却で作製しようとすると，非常に困難である．

2章

合金の熱処理

　平衡状態図は文字どおり平衡状態を取り扱ったものであるが，1.3節で述べたように，実際のプロセスでは平衡状態が常に達成されるとは限らない．しかし，このことは直ちに，平衡状態図が非平衡状態の解釈に無力であるということを意味するわけではない．

　平衡状態の定義については図2.1に示すように，反応経路を横軸に縦軸にエネルギーをとって表示するとわかりやすい．**不安定平衡**（unstable equilibrium）は山の頂上に対応し，一歩でもつまずけば，谷底の平衡状態に落ち込んでしまう．その意味で不安定である．「累卵の危うき」とはこの状態を指す．谷底での平衡状態は一歩踏み出してもまた，谷底に戻ってくるので安定である．これを**安定平衡状態**（stable equilibrium）という．谷底でのエネルギーがより低い安定平衡状態が他に存在すると，エネルギーが高い安定平衡状態は**準安定平衡状態**（meta-stable equilibrium）と呼ばれ，最終的には最小のエネルギーをもつ安定平衡状態へと変化する運命である．ただし，それに要する時間がどの程度かは，個々の反応に依存する．このような平衡状態からのずれを巧みに利用してより優れた性質の合金を得る処理法は**熱処理**（heat treatment）と呼ばれ，古くより膨大な知識が蓄積されている．

　これらを状態図の観点から説明しようとするのが第2章の目的である．

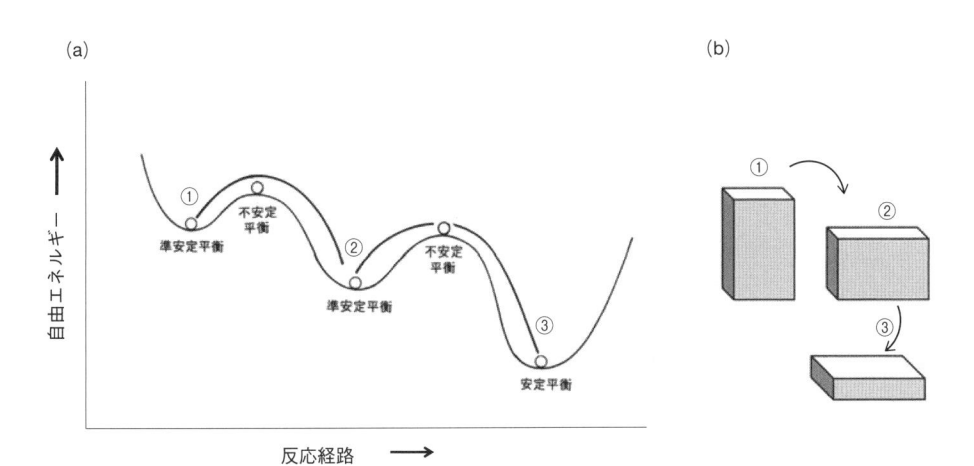

図2.1　準安定平衡，不安定平衡，安定平衡

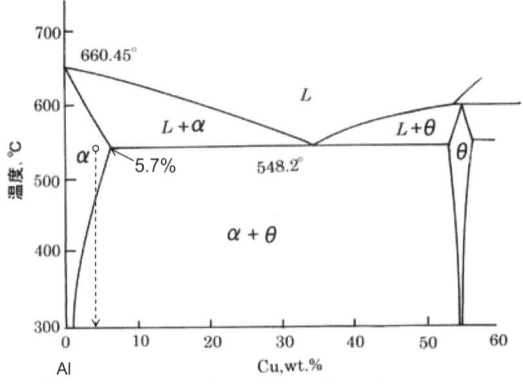

図 2.2　Al-Cu 2元系の Al 側の状態図（θ は Al₂Cu）

2.1 アルミニウム合金の時効と析出

2.1.1 ● 状態図による説明

一般に，アルミニウムへの溶質原子の固溶度は低いが，0 ではない．

図 2.2 は Al-Cu 系の Al 側の状態図である．純 Al を主体とする固溶体（α_{Al}：このような固溶体を **1次固溶体**（1.1.2g 項参照）という．α_{Al} の隣に金属間化合物（**中間相**という 1.2.8 項参照）である θ（CuAl₂）相が存在している．α_{Al} 相中の Cu の固溶度は，共晶温度の 548℃ では 5.7 wt.% あるが，室温ではほとんど 0 である．したがって，たとえば，Al-4 wt.% Cu 合金を 548℃ で加熱して完全な固溶体にした（この処理を **溶体化処理**（solution treatment，ST 処理）という）後，ゆっくりと冷却（**徐冷**）[*1)] すると，470℃ 近傍で

$$\alpha \rightarrow \alpha_{Al} + \theta$$

の反応により，α_{Al} から別の結晶構造をもつ θ 相が出てくる．この現象を **析出**（precipitation）[*2)] という．また，この場合，θ 相を **析出物**（precipitate）といい，α_{Al} を **母相**（matrix）という．

当然のことながら，析出が起きるためには，Cu 原子が母相（α_{Al}）内を移動（長範囲拡散）して，ある場所で析出相（θ 相）の組成になるまで Cu 原子が濃縮する必要がある．

ところが，高温から **急冷**[*3)] すると，Cu の拡散が起きないうちに室温まで冷却される．拡散は高温では速いが，室温では遅い．つまり，本来は固溶できない Cu 原子を無理やり固溶させた α_{Al} が室温までもちきたされることになる．このような固溶体を **過飽和固溶体**（supersaturated solid solution）という．

過飽和固溶体内部での状況を考えてみよう．母相の α_{Al} は Cu 原子に出ていってもらいたいし，Cu 原子のほうも α_{Al} から離脱して，独立した θ 相を形成したいと思っている．室温では Cu 原子の拡散速度は小さいが，0 ではない．時間をかければ，拡散は起きる．つまり，時間の経過とともに θ 相が析出する．これを **時効**（aging）という[*4)]．析出物が存在する

---

*1) たとえば，加熱炉にサンプルを入れたままで，炉の電源を切って冷却する **炉冷**（furnace cooling, FC）．

*2) これに対して液体から結晶相が出てくることを **晶出** という（1.2.2 項参照）．

*3) 急冷には **水焼入れ**（water quench, WQ），**油焼入れ**（oil quench, OQ），場合によっては **空冷**（air cooling, AC）などがある．

*4) 時効現象の発見のエピソードは付録 C 参照のこと．

と，合金は硬くなる．これを**析出硬化**（precipitation hardening）という．あるいは，時効によって析出が起きて硬化するので**時効硬化**（age hardening）ともいう．時効が室温で起きる場合を**自然時効**（natural aging）という．過飽和固溶体を保持する温度（**時効温度**）が室温よりも高いと，Cu の拡散が促進されるので，析出は加速される．このような室温以上での時効を**人工時効**（artificial aging）という．

2.1.2 ● 析出物の形態，界面の構造

析出物には種々の形態があるが，大別すれば，球状，板状，針状の3種類である（図2.3）．これらの形状は①マトリックスと析出物との界面エネルギー，②析出に伴うひずみエネルギー，③結晶成長速度の方位依存性，などによって決定される．このうち，①と②は析出に伴うエネルギーの増加に伴うものである．界面エネルギーやひずみエネルギーが面方位に依存しなければ，界面の面積を最小にするために析出物は球状となる（水滴を想起されたい）*5)．異方性がある場合には，エネルギーが最小の界面が優先的に出現する．一方，③は速度論的な問題で，成長速度の低い面が結果的に出現する．

析出物の構造がマトリックスとよく似ている場合には界面での食い違い（**不整合**（ミスマッチ mismatch））は小さい．したがって，析出物が小さいときには界面における格子点で母相と界面の間で1：1の対応がとれる．このような界面を**整合**（coherent）または**エピタキシャル**（epitaxial）界面という．しかし，析出物が大きくなると，母相と析出物間のわずかな不整合が累積され，その大きさが格子点の間隔に近くなると，界面に転位（**界面転位**）が生成される．この状態を**準整合**（semi-coherent）という．一方，析出物と母相の間に何らの一致点（整合性）もない状態を**非整合**（non-coherent）という．析出物のある面は整合しているが他の面が非整合の場合を**部分整合**（partial coherent）という．準整合と部分整合を混同しないように注意する必要がある．

析出物の結晶構造が母相と非常によく似ており，格子定数もほとんど同

*5) 界面（表面）エネルギーが完全に等方的な場合には完全な球になる．液体の場合はこれに対応する．しかし，結晶の場合には表面の結晶方位により界面（表面）エネルギーが微妙に異なるため，若干，異方性が現れる．下の写真はグラファイト上の Bi の微粒子である．上は融点直下の結晶，下は融点直上の液体である（倍率：×200,000）．

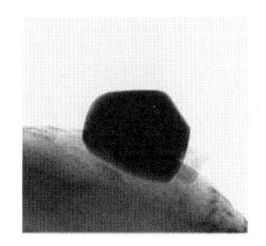

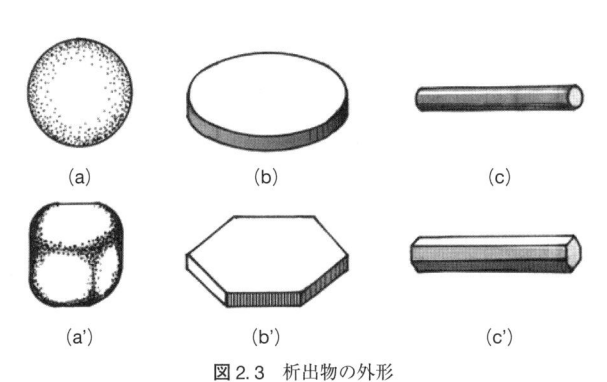

図2.3 析出物の外形
(a) は球状，(a′) はキューボイド（cuboid），(b)，(b′) は板状，(c)，(c′) は針状．

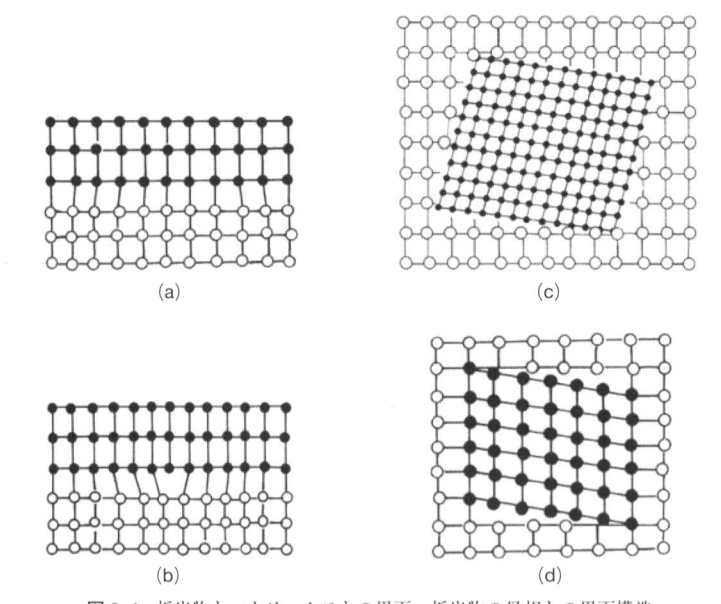

図2.4 析出物とマトリックスとの界面,析出物の母相との界面構造
●が析出物,○が母相.(a) は整合界面,(b) は準整合界面(界面に転位が導入されている).(c) は非整合界析出物.(d) は縦の界面は整合であるが,横方向の界面が非整合である部分整合析出物.

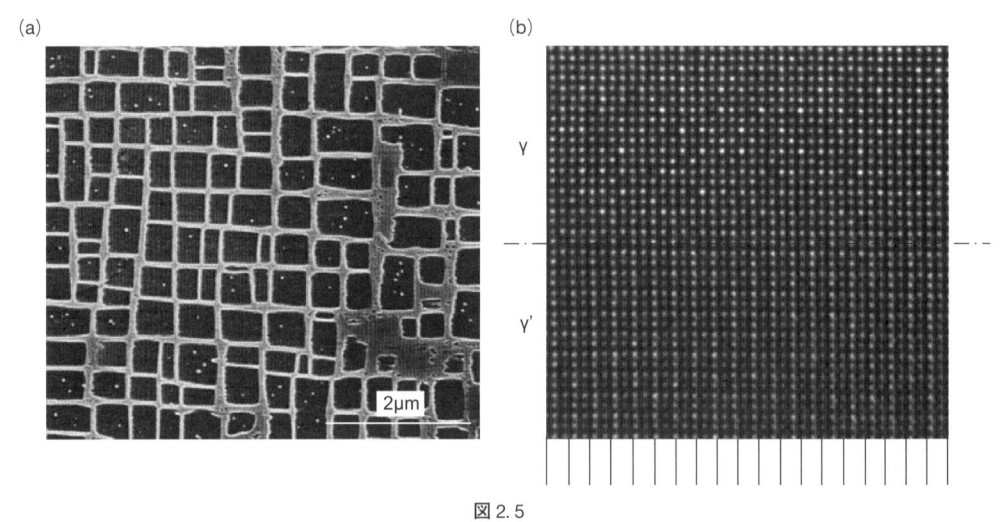

図2.5
(a) Ni基超耐熱合金中のγ(灰色部分)とγ'相(黒い部分)(走査型電子顕微鏡写真).ほとんどがγ'相でその隙間をγ相が埋めている(村田純教博士提供).
(b) γ/γ'界面の高分解能電子顕微鏡写真.γはFCC構造であるのに対して,γ'はL1$_2$型の規則構造(図1.9(b) 参照)をとるために,格子面の周期がγの2倍になっている(図の下方の垂直な線の間隔はγ'の格子定数0.357 nmに対応).界面は完全に整合している.

じというような特殊な場合には,析出物が成長しても完全な整合性を保つことができる.その典型的な例がNi-Al系におけるNiの1次固溶体(γ)とNi$_3$Al(γ':ガンマプライム)の界面である.NiはFCC構造をとり,その格子定数は3.5238 Åである.γ'はFCCをベースにした規則構造L1$_2$(図1.9(b) 参照)を有する金属間化合物でその格子定数は3.566 ÅでNiと非常に近い.このような場合には,析出物が相当大きくなっても,完全な整合性が保たれる.図2.5はγ/γ'の電子顕微鏡写真である.

図 2.6 強度の温度依存性. Ni₃Al では温度の上昇とともに強度が上昇.

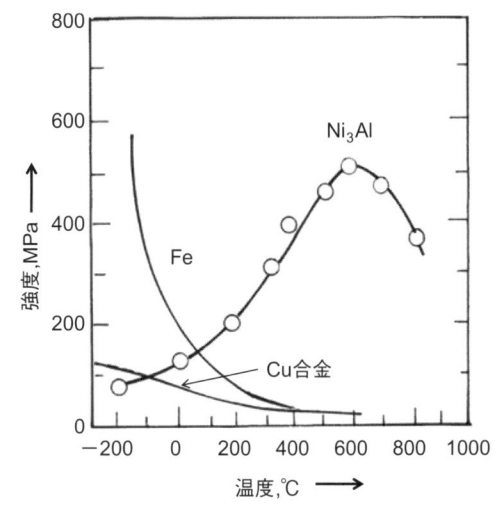

	典型的な構成物質	用途
超耐熱合金 （超合金）	Ni，Al，Ni(γ) +Ni₃Al(γ′)	耐熱合金， タービンブレード， エンジンのブレード
スーパーアロイ	Zn 合金	おもちゃ
超硬合金	WC+Co	工具
サーメット	超硬合金以外の炭化物 （あるいは窒化物） と金属との組み合わせ	工具

休憩

　ふつう，ほとんどの材料では，温度を上げると強度が低下する．しかし，Ni₃Al（γ′）は温度の上昇とともに強度が増加するという特異な性質を有している．この性質を**強度の逆温度依存性**という（図 2.6）．この特性を用いて，γ/γ′ 組織をもつ合金は**超耐熱合金**（super heat-resisting alloy. 略して**超合金** super alloy），として使用されている．おもちゃのスーパーアロイは全く別の Zn 合金である．また，よく似た名称の**超硬合金**は，硬い炭化タングステン（WC）の粉末を Co の母相に分散させた材料（**複合材料** composite material）で，切削工具に用いられる．同様に炭化タングステン（WC）以外の金属の炭化物（carbide）や窒化物（nitride）などの硬い粉末を金属母相に分散させた複合材料を**サーメット**（cermet＝ceramic＋metal）と呼ぶ．この定義から明らかなように超硬合金もサーメットの一種であるが，区別されて取り扱われることが多い．

2.1.3 ● 析出のシーケンス，GP ゾーン，準安定析出相

　以上が一般に状態図が教えるところである．しかし，実際には，α_{Al} 過飽和固溶体から平衡相である θ 相が直接析出することは稀である．特に時効温度が低い場合にはその傾向が強い．

　たとえていえば，過飽和固溶体が出発駅（たとえば東京）で，析出完了が終着駅（たとえば大阪）としよう．

　温度が高く，反応速度が大きければ，東京から大阪まで飛行機で行くようなもので，途中どこにも立ち寄らない．これは，図 2.1 において，準安定平衡位置 ① から一足飛びに安定平衡位置 ③ に変化することに対応する．温度がそれほど高くなければ新幹線で大阪まで行くことになり，名古屋，京都などに立ち寄ることになる．拡散速度がさらに遅いと在来線で大阪まで行くことになる．このように温度の違いによって，途中で立ち寄る駅の数も，行程そのものも異なってくる．途中に立ち寄る駅に対応するのが**準安定析出相**（semi-stable precipitate）である．

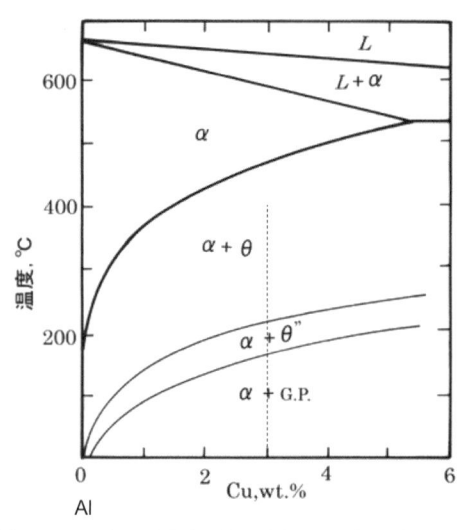

図2.7 GPゾーンなど中間相に対応する状態図（Al-Cu系）

　図2.7はAl-Cu系の状態図中に準安定析出相（GPゾーンとθ''）の溶解度曲線（solvus）を書き込んだものである．したがって，厳密な意味での平衡状態図とはいえないが，便宜上しばしば用いられている．

　時効温度が低い（130℃）場合

$$\alpha_{Al} \rightarrow GP(I) \rightarrow \theta''(GP(II)) \rightarrow \theta' \rightarrow \theta$$

の順で析出が起きる．これを**析出シーケンス**（precipitation sequence）という．

　ここでGPとは析出シーケンスの初期に現れる準安定相で発見者（GuinierとPrestonが独立に発見）[*6]の名前をとって名付けられたもので**Guinier-Preston ゾーン**の略である．GP(I)はAlマトリックスの{001}面の格子点上にCu原子が1原子の厚さで析出した相である（図2.8 (a)に模式図，(b)に高分解能透過電子顕微鏡写真を示す）．GP(II)は，板状のCuの厚みが増した相である（図2.9 (a)）．GP(I)，GP(II)は母相と整合している．θ'は図2.9 (b)に示すように，(001)面（図2.9 (b)でハッチングしてある．$a_{\theta'}=4.04$ Å）がAl母相の(001)面（$a_{Al}=4.049$ Å）と整合しているが，(100)面や(010)面はミスマッチが大きく整合していない．すなわちθ'相は部分整合の準安定析出相である．平衡相のθは母相とは完全に非整合になる．

問題 図2.9 (b)より，θ'相が$CuAl_2$の組成を有することを示せ．

　時効温度が200℃と少し高くなると，析出シーケンスは

$$\alpha_{Al} \rightarrow \theta' \rightarrow \theta$$

となり，GPゾーンは現れない．GPゾーンは最初Al-Cu合金の準安定析出相に対して，GunnierとPrestonにちなんで命名されたゾーンであったが，その後，より一般的に，析出初期の準安定相をGPゾーンと呼ぶよう

[*6] Andre Guinier（1911-2000）：フランスの結晶学者

George Dawson Preston（1896-1972）：イギリスの物理学者

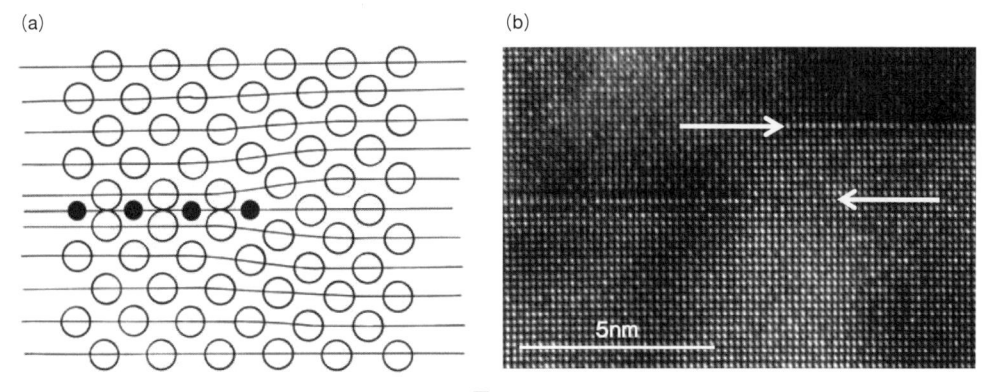

図 2.8
(a) Al-Cu 合金における GP（I）ゾーンの模式図．○はマトリックスの Al 原子，●は Cu 原子．Cu 原子は Al マトリックスの {001} 面上に乗っている．
(b) GP（I）ゾーンの高分解能電子顕微鏡写真．白く見えている原子の列（矢印で示す）が GP ゾーン（今野豊彦博士による）．

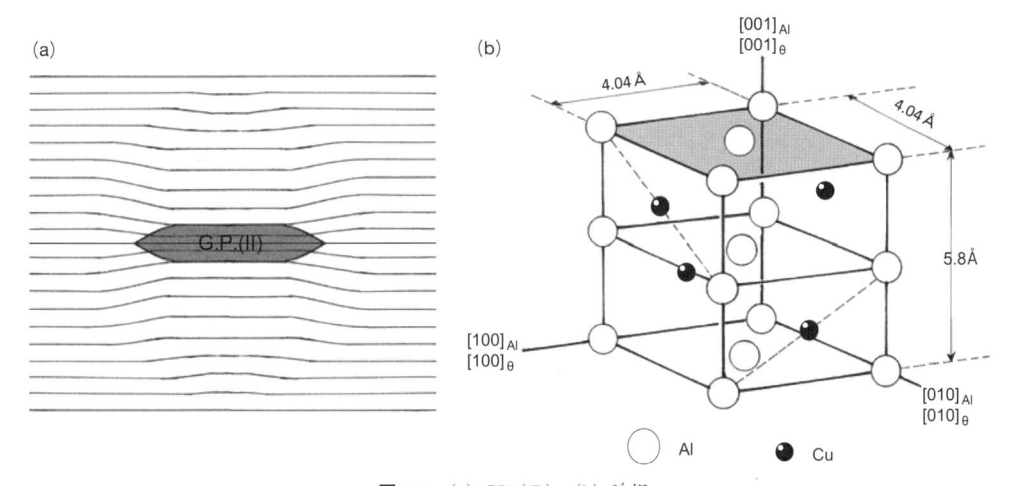

図 2.9 (a) GP（II），(b) θ′ 相
GP（II）は θ″ と表記されることもある．水平（あるいはほぼ水平）に引かれている線は Al の {001} 面を表す．

になった．したがって，GP ゾーンの形状も板状とは限らない．たとえば，Al-Ag 系では球状の GP ゾーンが生成される．

2.1.4 ● 復 元

図 2.7 において，たとえば，Al-3 wt.% Cu 合金を 100℃ で時効して，GP ゾーンを生成させた後 300℃ で短時間加熱すると，GP ゾーンは微小なので，ほぼ瞬間的に消滅してしまう．一方，平衡相である θ 相の析出には時間がかかる．結局，GP ゾーンが消えて，θ 相もまだ現れていないので，元の過飽和 α 相に逆戻りする．これに伴い，100℃ での時効によって発生した硬化も消滅する．このような現象を**復元**（reversion）という[*7)]．

[*7)] 金属を塑性変形（塑性変形の定義は図 2.29 を参照のこと）させると硬くなる．これを**加工硬化**（work hardening）という．加工硬化させた金属を高温で加熱すると，軟らかくなる．この軟化現象の初期の段階を**回復**（recovery）と呼ぶ．回復と復元は全く異なる現象である．

2.1.5 ● 析出硬化

析出が起きると合金は硬化する．これを**析出硬化**（precipitation hardening）という．これは，塑性変形を担う転位の運動が析出物の存在によって阻害されるからである．

図 2.10 は Al-Cu 合金の時効に伴う硬度の変化を示したもので，このような曲線を**時効曲線**（aging curve）という．硬度の記号 Hv の意味については図 2.37 を参照のこと．

固溶体中の転位は溶質原子からの抵抗を受け，純金属中よりは運動が難しくなる．純金属中の転位の運動をよく舗装された道路を車で走るのにたとえるとすると，固溶体内での転位の運動は若干凸凹した道を走るようなもので，転位の運動が抵抗を受ける．この抵抗によって，純金属より硬くなる．これを**固溶体硬化**（solution hardening）という．

析出物が非常に微細な場合には，この抵抗が激しくなった状況とみなすことができる．析出物が大きくなると転位は析出物を迂回するようになり，転位線はくねくねと曲がる．その結果，転位線の全長が増加する．転

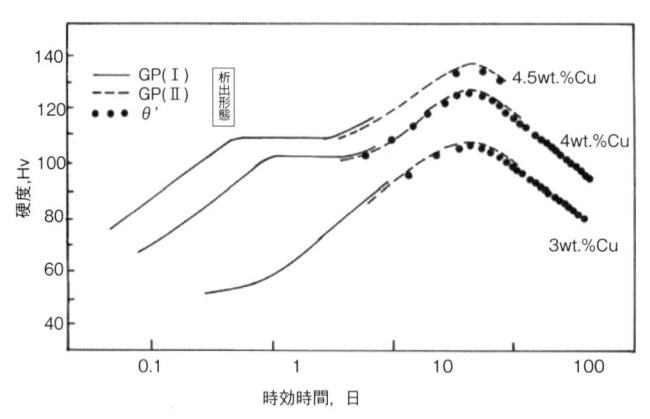

図 2.10 Al-Cu 合金の時効硬化曲線（130℃）

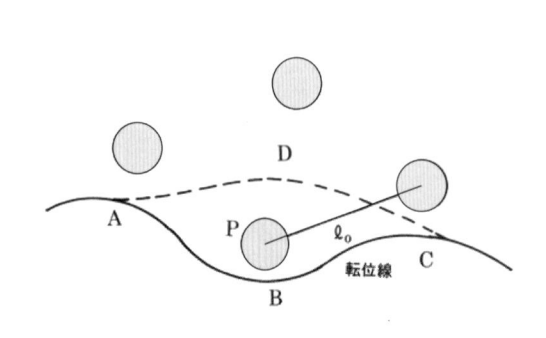

図 2.11 析出硬化の機構
析出物が平均間隔 ℓ_0 で存在している．変形を担う転位線 (-A-B-C-) は下から上に動こうとしているが，析出物 P にブロックされている．転位線がさらに上に動き -A-D-C- の位置に達するためには析出物 P を乗り越えなければならない．

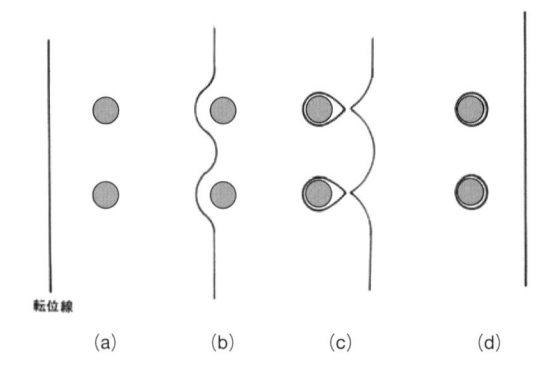

図 2.12 オロワンのバイパス機構
転位線は左から右に移動している．析出物が転位線の運動を妨害するが，析出物の間隔が大きいと転位線は析出物を迂回して通過する．

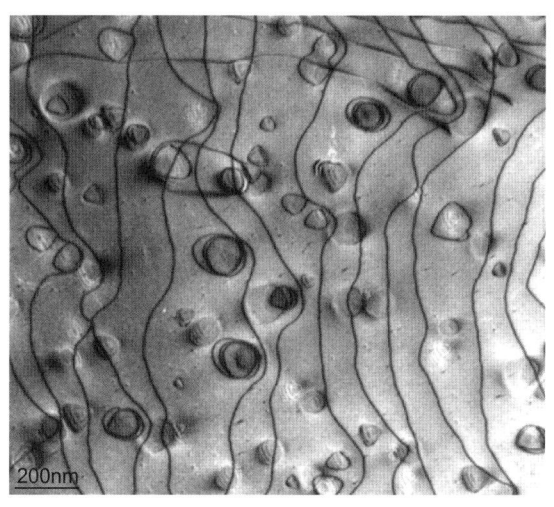

図 2.13　オロワン・ループの透過電子顕微鏡写真（J. F. Humphreys 博士による）

位のエネルギーはその長さに比例するので，全体の転位エネルギーが増す（図 2.11）．このため，合金は硬化する（モット-ナバロ（Mott-Nabarro）*8) の説）．

さらに析出物が大きくなると，析出物間の間隔も大きくなり，転位線は析出物を完全に取り囲むことができる（図 2.12 (c)）．その結果，図 2.12 (d) に示すような転位ループを残したまま迂回することができる．この迂回機構を**オロワン**（Orowan）*9) **のバイパス**（by-pass）**機構**という．図 2.13 はオロワン・ループの透過電子顕微鏡写真である．こうなると析出物は転位運動の大きな妨げにはならないので，合金は再び軟らかくなる．この現象を，時効しすぎたという意味で，**過時効**（over aging）あるいは**過時効軟化**という．

*8) Neville Mott（英国，1916〜1996），Frank Nabarro（南アフリカ，1916〜2006）．

*9) Egon Orowan（ハンガリー，1902〜1989）．

2.1.6 ● スピノーダル分解

これまで述べてきた析出過程では，母相の過飽和固溶体内での溶質原子濃度はあまり高くない．たとえば，図 2.2 において，Al-5 wt.% Cu 合金内での Cu 濃度は原子濃度で表せば〜2 at.% Cu である．それに対して，析出相である θ 相の Cu の原子濃度は〜33 at.% である．つまり，過飽和固溶体内で Cu 原子が 15 倍以上濃縮しないと θ 相の生成には至らない．もちろん，析出反応の最初の段階から最終平衡相である θ 相が析出するのではなく，その前段階の GP ゾーンなどの形成が先行するが，それにしても Cu 原子が相当濃縮することが必要である．そのためには原子の熱振動に起因する**熱的揺らぎ**（thermal fluctuation）により偶然 Cu 原子が凝集するだけでは不十分で，Cu 原子が長距離を移動して（**拡散**），凝集する必要がある．その結果，時効開始後ただちに析出は起きるのではなく，ある程度の時間的な遅れが生じる．この析出反応が開始するまでの時間を**潜伏期間**（incubation period）という（図 2.14 の ①）．この期間に，熱的揺らぎと拡散により，析出物として必要な最小限の寸法のゾーン（**核**

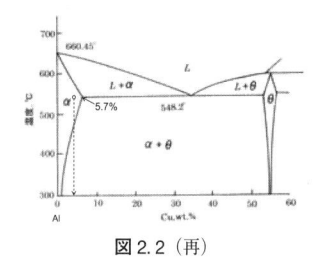

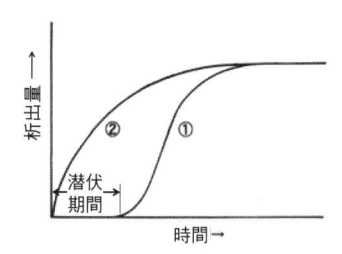

図 2.2（再）

図 2.14　析出における潜伏期間の有無

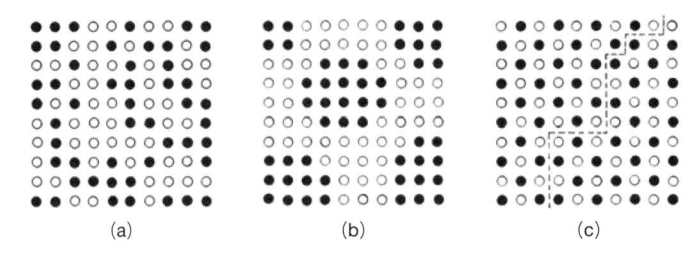

図 2.15　固溶体合金における原子の配列
(a) 完全不規則，(b) クラスター形成，(c) 規則化．破線は逆位相境界（APB）．

図 1.38 (再)

nucleus）が形成される．核に至る前段階にあるゾーンのことを**エンブリオ**（embryo）という．エンブリオはいわば核予備軍である．

これに対して，図 1.38 に示したような 2 相分離型の状態図において，臨界温度 T_c を通過するような組成（x=50 at.% B）の合金を T_c から急冷（焼き入れ）して（$α_1+α_2$）の 2 相領域内の温度 T_1 で時効する場合を考えよう．

焼き入れした時点で α 固溶体は不規則構造をとっているので，A 原子と B 原子は無秩序に分布している（図 2.15 (a)）．しかし，50 at.% B という高濃度であれば，ある B 原子に注目してその周辺の原子の配列を考えると，その隣に B 原子が来る確率が統計的に存在する．図 1.38 の（$α_1+α_2$）の 2 相分離型の状態図の意味するところは，A 原子は A 原子と，B 原子と B 原子は結合したがっているということである．つまり $α_1$ 相では A-A，$α_2$ 相では B-B というようにクラスターを形成するほうがより happy である（熱力学的には系の自由エネルギーを下げる．あるいは A，B 原子の化学ポテンシャルが低くなる）といえる（図 2.15 (b)）．このクラスター化に対峙するのが規則化で，この場合には A-B の結合が happy である（図 2.15 (c)）．

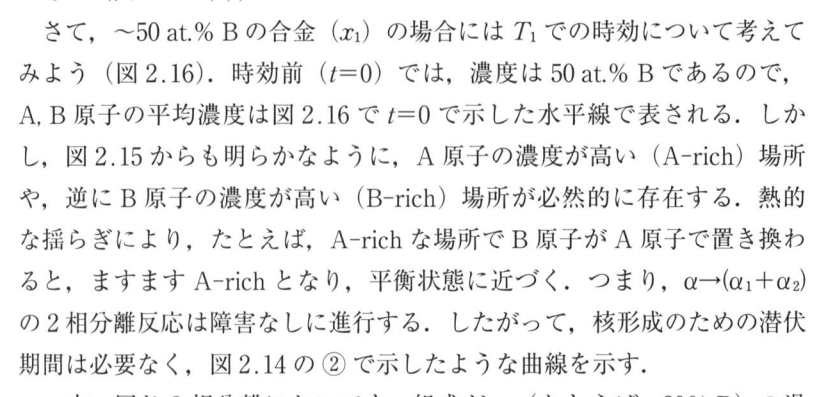

さて，〜50 at.% B の合金（x_1）の場合には T_1 での時効について考えてみよう（図 2.16）．時効前（t=0）では，濃度は 50 at.% B であるので，A, B 原子の平均濃度は図 2.16 で t=0 で示した水平線で表される．しかし，図 2.15 からも明らかなように，A 原子の濃度が高い（A-rich）場所や，逆に B 原子の濃度が高い（B-rich）場所が必然的に存在する．熱的な揺らぎにより，たとえば，A-rich な場所で B 原子が A 原子で置き換わると，ますます A-rich となり，平衡状態に近づく．つまり，$α→(α_1+α_2)$ の 2 相分離反応は障害なしに進行する．したがって，核形成のための潜伏期間は必要なく，図 2.14 の ② で示したような曲線を示す．

一方，同じ 2 相分離においても，組成が y_1（たとえば，30% B）の過飽和固溶体から $α_2$ が分離（析出）する場合は，基本的には図 2.2 に示した Al-Cu 合金の析出過程と同じで潜伏期間を必要とする．

つまり，（$α_1+α_2$）の 2 相分離領域の中心部では潜伏期間を伴わない 2 相分離が起き（図 2.14 の ② に対応），solvus に近い組成では潜伏期間を伴う 2 相分離（図 2.14 の ① に対応）が起きる．前者を**スピノーダル分解**

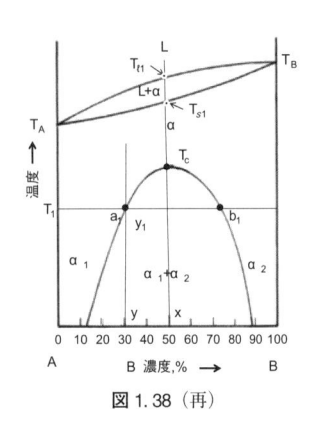

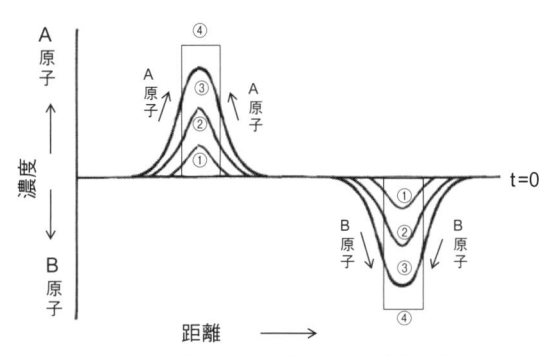

図 2.16 スピノーダル分解における濃度の時間変化
① $t=t_1$, ② $t=t_2$, ③ $t=t_3$, ④ $t=t_4$ (平衡状態).

図 2.17 スピノーダル分解

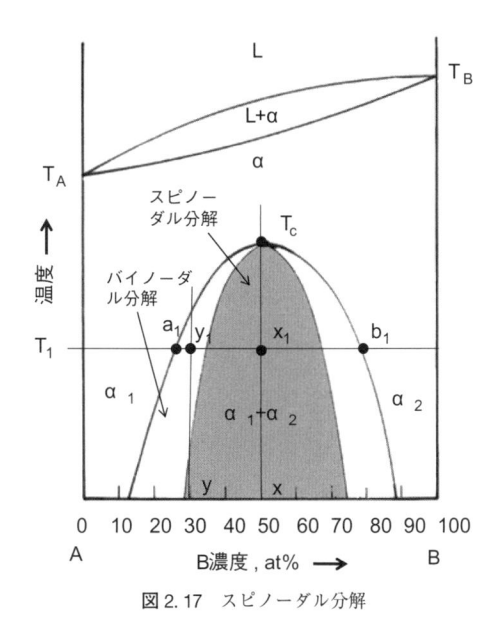

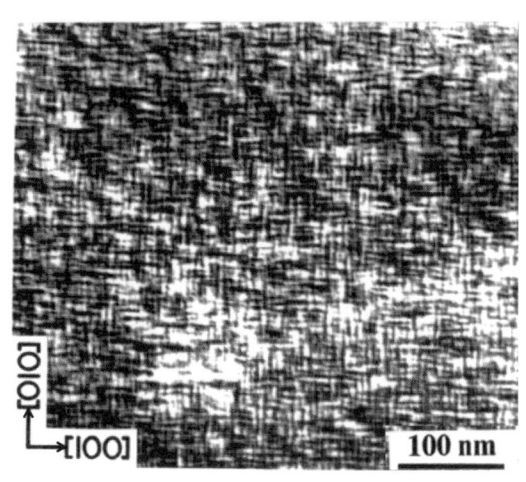

図 2.18 Fe-Mo 2 元合金中のスピノーダル分解の透過電子顕微鏡写真 (宮崎亨博士による).

(spinodal decomposition), 後者を**バイノーダル分解** (binodal decomposition) という. 熱力学的な考察によれば, スピノーダル分解とバイノーダル分解の境界は図 2.17 のようになる.

スピノーダル分解により形成した組織は非常に微細である. 図 2.18 にその例を示す. このような組織においては濃度や格子定数が周期的に変動している. このような組織を**変調組織** (modulated structure) という[*10].

*10) スピノーダル分解では変調組織が現れるが, 変調組織が現れたからといってスピノーダル分解が起きたとは断定できない. なぜなら, 核形成による析出過程でもその初期の段階では母相との整合性などのため同様な組織を示すことがあるからである. つまり, 変調組織はスピノーダル分解の必要条件であって, 十分条件ではない.

2.2 鉄鋼材料における熱処理

2.2.1 ● 鉄-炭素系状態図

鉄鋼材料 (steel) は**普通鋼** (plain steel) と**特殊鋼** (special steel) に大別される. 普通鋼は鉄 (Fe) と炭素 (C) の 2 元合金である (もちろん意

図しないで入った微量の不純物は当然存在する).特殊鋼とは普通鋼の性質を改善するために普通鋼にさらに元素(**合金元素** alloying element)を意図的に添加したものである.このため特殊鋼は**合金鋼**(alloy steel)とも呼ばれる.

ここでは,鉄鋼材料の基本となるFe-C2元系状態図について説明する.図2.19にFe-C2元系状態図を示す.Fe-C2元系状態図には普通,2つの状態図が描かれている.1つはFeと**黒鉛**(C)間の平衡状態図で,もう1つはFeと**セメンタイト**(FeとCの化合物で化学式はFe_3C,ギリシャ文字θで表すこともある)間の**準安定**平衡状態図である[*11].

*11) 学問的な観点からは,平衡状態図を実線で表し,準安定状態図を破線などで表すべきではあるが,実用的には準安定状態図のほうがはるかに重要なので,ふつうはFe-θの準安定状態図を実線で表し,Fe-C(黒鉛)の平衡状態図を破線で表している.

Fe-C系の状態図の変態温度には以下の記号(または名称)が付けられている.

- A_0:セメンタイト(すなわちθ-Fe_3C)の磁気変態のキュリー温度(210℃)
- A_1:オーステナイト(γ)⇌パーライト($\alpha+\theta$)の共析温度
  - A_{c1}:加熱時のA_1変態,パーライト($\alpha+\theta$)→γ
  - A_{r1}:冷却時のA_1変態,γ→パーライト($\alpha+\theta$)
  - A_{e1}:平衡状態でのA_1変態(727℃)
- A_2:フェライト(すなわちα-Fe)の磁気変態のキュリー温度
- A_3:γ⇌αの変態温度(純鉄では911℃,炭素濃度の増加とともに低下する)
  - A_{c3}:加熱時のA_3変態,α→γ

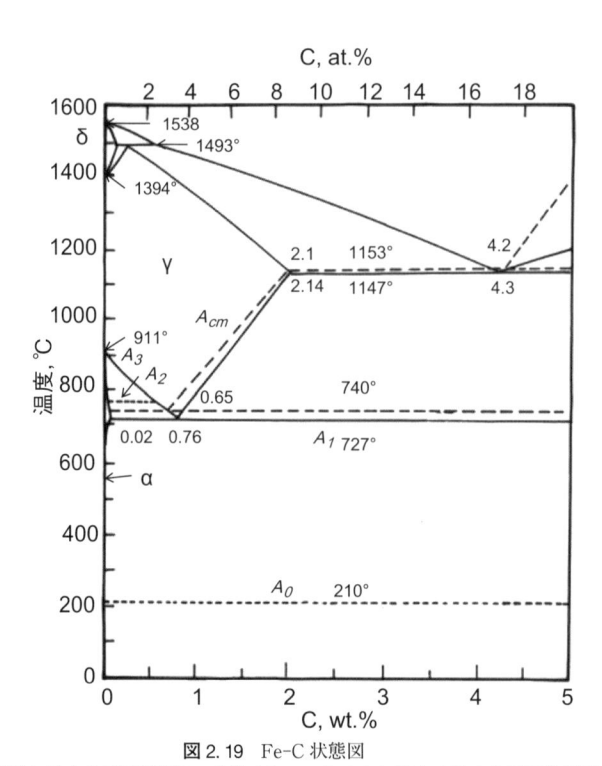

図2.19 Fe-C状態図
実線は黒鉛に対する平衡状態図.破線はセメンタイトに対する準安定平衡状態図.

- A_{r3}：冷却時の A_3 変態，$\gamma \to \alpha$
- A_4：$\gamma \rightleftharpoons \delta$ 変態温度（1390℃）
- A_{cm}：過共析鋼のみに存在する変態，セメンタイト＋$\alpha \rightleftharpoons$ オーステナイト

ここで γ 相は**オーステナイト**（austenite）[*12)]と呼ばれる FCC 構造，α と δ 相は**フェライト**（ferrite）[*13)]と呼ばれる同一の相で BCC 構造を有している．δ 相は高温なので反応が速く，実際の熱処理で重要な役割を果たすのは，γ（オーステナイト）相と α 相（フェライト）である．γ 相内では C を 2 wt.% 固溶できる．それに対して α 相では C は 0.025 wt.% しか固溶できない．

γ をゆっくりと冷却すると，727℃ の共析温度で $\gamma(\text{FCC}) \to \alpha\text{-Fe(BCC)} + \text{Fe}_3\text{C}(\theta)$ の共析反応が起きて，α-Fe と θ が混合した共析組織が得られる．Fe-C（炭素）の 2 元合金で，$\gamma \to \alpha + \theta$ の共析反応で形成された共析組織を**パーライト**（pearlite）[*14)]という．このとき，γ 相内に固溶していた炭素は γ 相から排出されて，Fe と反応して Fe_3C として生成（析出 precipitate）する．すなわち，C が長距離移動（拡散）することが必要である．図 2.20（a）はパーライトの走査型電子顕微鏡，(b) は透過電子顕微鏡写真である．

さらに非常にゆっくりと冷却すると，準安定相の $\theta\text{-Fe}_3\text{C}$ の代わりに平衡相である黒鉛（graphite）が 740℃ での共析反応の結果として析出する．γ-Fe と黒鉛間の共析組織を**レーデブライト**（ledeburite）[*15)]という．

■**鋳 鉄**（cast iron）

1.7 wt.% 以上の C を含む鉄の合金は**鋳鉄**（cast iron）と呼ばれる．図 2.19 より明らかなように，C の増加に伴い融点が低下する．融点は純鉄では 1538℃ であるが，4.3 wt.% C では約 1500℃ まで低下する．すなわち，容易に融かすことができるので，鋳造が容易となる．

*12) William Chandler Roberts-Austen（1843-1902，英国）に因んで命名．

*13) 酸化鉄を主成分とするセラミックス（磁石の一種）もフェライト（ferrite）と称されるので混同しないように注意が必要である．

*14) パーライトが発見された当時の光学顕微鏡は分解能が悪く，α-Fe とセメンタイトを分解することができなく，全体として真珠のような光沢を示した．これがパーライトの語源である．我が国で鉄鋼材料の研究が始まった頃には，すでに光学顕微鏡の分解能が改良されており，α-Fe とセメンタイトを分解することができた．我が国の物理冶金学の創始者，本多光太郎博士（愛知県出身，1870～1954）はこれを波来土と漢字で表記した．ちなみにオーステナイトは大洲田，後出（2.2.2）のマルテンサイトは麻留田．

*15) Adolf Ledebur（1837-1906，ドイツ）に因んで命名．

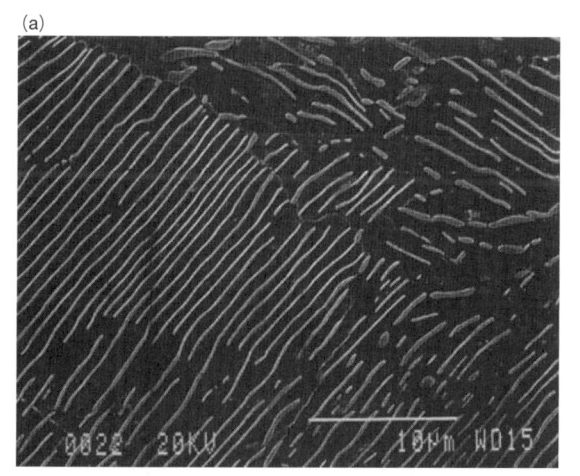

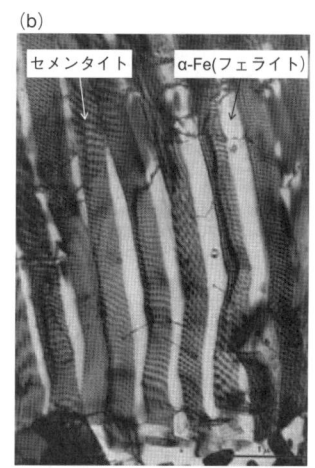

図 2.20 (a) パーライトの走査型電子顕微鏡写真（住友金属工業提供），(b) パーライトの透過電子顕微鏡写真 セメンタイトの上の縞模様は電子線の干渉効果によるもので，実際に縞模様が存在しているわけではない（根本實博士による）．

鋳鉄は白鋳鉄とねずみ鋳鉄（灰鋳鉄）に大別される．

白鋳鉄はα-Feとセメンタイト（Fe_3C）からなり，破面がFe_3Cの壁開面で反射され銀白色を呈するのが，名前の由来である．

灰鋳鉄ではSiを約2wt.%含む．このため，Fe-セメンタイト系は不安定となり，Fe-黒鉛系がいきなり出現する．灰鋳鉄を金鋸で切ると，切り粉に黒鉛が混在する．黒鉛は鉛筆の芯であるから，指が黒く汚れたり，切断面が黒づんでみえる．これが灰鋳鉄の名前の由来である．黒鉛は潤滑材としても使用され，灰鋳鉄は優れた耐摩耗性を示す．このため，旋盤やフライス盤などの摺動面に用いられる．

一般に黒鉛は片状である．α-Feにとってみれば黒鉛の存在は亀裂が存在するのと同等であり，そこを起点として破壊が発生しやすいため，もろい．しかし，CeやMgを添加すると黒鉛を球状にすることができ，変形能（延性という）が増す．これを**球状化黒鉛鋳鉄**（spheroidal graphite cast iron）という．

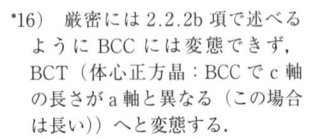

2.2.2 ● 焼入れとマルテンサイト
▶ a． ベインの関係

γ相を急冷する場合のCの挙動を考えてみよう．γ相を急冷（**焼入れ** quench）すると，硬度が著しく高くなる．これを**焼入れ硬化**（quench hardening）という．この処理は鉄鋼の熱処理の基本となっている．

この原因を考えてみよう．この場合にはCの移動（拡散）が完了しないうちに，γ(FCC)→α-Fe(BCC)の結晶構造の変化（相変態）が起きてしまう[*16]．その結果，CはFe_3Cとして析出する暇がないうちにBCC構造のα-Fe内部にトラップされてしまう．このような拡散を伴わないような相変態を**無拡散変態**（diffusionless transformation）または**マルテンサイト変態**（martensitic transformation）[*17]という．

FeにおけるFCC→BCCの相変態を結晶学的に考察してみよう．図2.21に示すように，FCCの単位格子（単位胞ともいう）を2個並べてみるとその中にBCCの萌芽ともいうべきBCT格子が隠されているのがわかる．このBCT格子がc軸に沿って圧縮され，格子定数cがaに等しくなると，BCTからBCC構造へと変化することになる．この関係を**ベイン**（Bain）[*18]**の関係**（またはベインの歪）という．

▶ b． 炭素の役割

Fe-Cの2元系ではFeにCが固溶している．C原子は非常に小さいので，Feの格子間に侵入型原子として固溶している．FCCのγ-Fe（オーステナイト）中に侵入型の不純物としてのCが入りうる位置は図2.21(a)で●で示した位置（八面体位置，八面体の頂点にはFe原子が位置している）である．FCC中では互いに等価であるa, b, c軸の●点の位置にCは平均して均質に分布しているであろう．しかしベインの関係によりFCC→BCCの構造変化が起きるとBCCのc軸方向の●点の位置にのみ優先的にCが存在することがわかる．その結果，c軸がa, b軸よりも長くな

[*16] 厳密には2.2.2b項で述べるようにBCCには変態できず，BCT（体心正方晶：BCCでc軸の長さがa軸と異なる（この場合は長い））へと変態する．

[*17] Adolf Martens（1850-1914, ドイツ）に因んで命名.

[*18] Edgar Collins Bain（1891-1971, アメリカ）

(a)   (b)   (c)

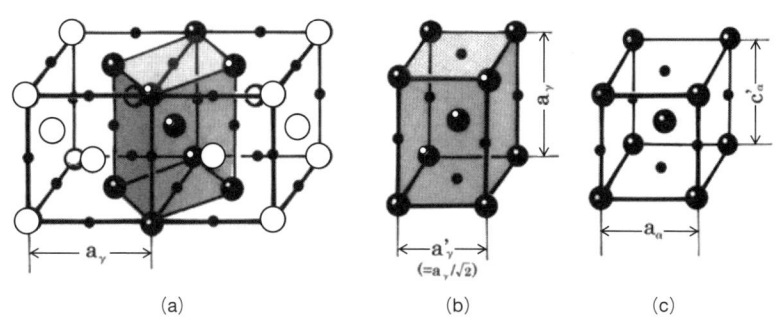

図 2.21 ベインの対応
(a) は FCC 構造のオーステナイト（γ）で，この中でハッチングされた部分を取りだしたのが (b)．(b) の正方体を縦方向に圧縮し，横方向に伸ばすと (c) に示す BCC 構造が得られる．大きな丸（○，●）は Fe 原子を示す．小さな黒丸（●）は炭素原子を示す．

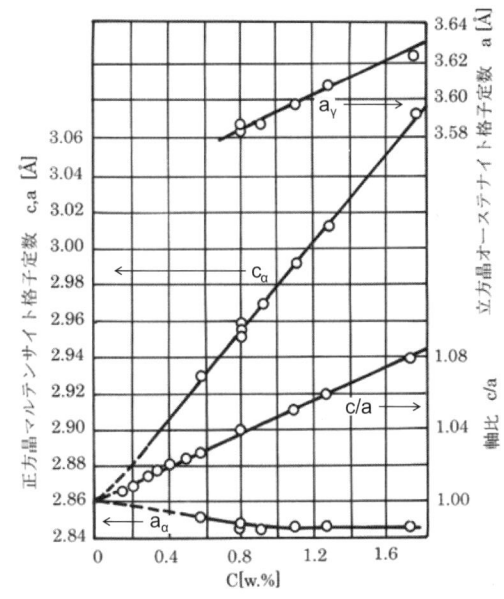

図 2.22 オーステナイト，マルテンサイトの格子定数の炭素濃度依存性

る．つまり体心正方晶（body centered tetragonal, BCT）へと変態することになる．この c 軸と a（b）軸の長さの比を**軸比**といい，c/a で表す．γ-Fe に固溶している C の量が多いほど，マルテンサイト変態後に c 軸方向の●点に存在する C の量は増える．そのため，c 軸は長くなる（図2.22）．

これは，本来 BCC 構造をとるべき Fe が C を過飽和に固溶したために無理やり BCT 構造をとらされていることになり，その軸比 c/a が高いほど，歪が大きくなり，**硬さ**（**硬度** hardness）が増すことが容易に想像できる．

問題 図 2.21 (a) で●で示した位置が八面体の中心に位置することを確かめよ．

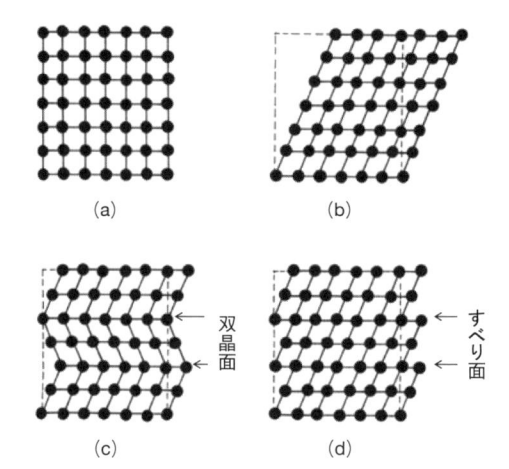

図 2.23 マルテンサイト変態に伴う双晶とすべりの発生
(a) は母相，(b) はマルテンサイト相．外形が大きく変わるために，これを調整するために双晶 (c) またはすべり (d) が発生する．

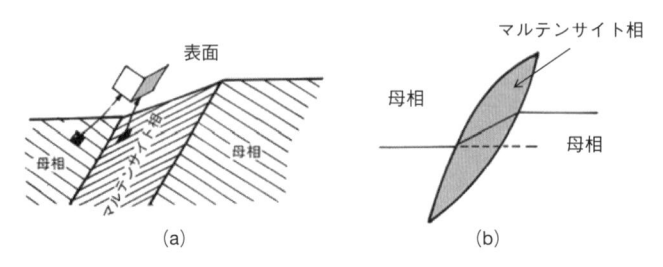

図 2.24 マルテンサイト変態に伴う形状変化
(a) 表面の断面，(b) 表面を上から見た場合．

▶ **c. マルテンサイト変態の特徴**

マルテンサイト変態の特徴は，以下のように要約できる．

① 単相から単相（つまり $\gamma \rightarrow \alpha$）への変態で可逆的である（これに対して析出は，単相 → 複数の相への不可逆的変態である）．

② 無拡散で，母相の結晶格子点にある原子が共同的に将棋倒しのように移動してマルテンサイトに変態する（図 2.23 (a)→(b)）．つまり，せん断機構による変態であり[19]，組成に変化がない．

*19) この意味ではベインの関係はマルテンサイト変態の特徴を示していない．

③ その結果，**表面起伏**（surface relief）が生じる（図 2.24 (a)）．

④ マルテンサイト相は母相の特定の結晶面に生成する．この面を**晶癖面**（habit plane）という．

⑤ 母相とマルテンサイト相との間には特定の**結晶学的方位関係**（crystallographic orientation relationship）が存在する（図 2.24 (a)）．

⑥ マルテンサイト相内には多数の格子欠陥が存在する．

マルテンサイト相は結晶構造が変化するので，結晶全体の外形も変形する．実際には多結晶材料を用いるために，結晶粒全体としては周りの結晶粒から拘束を受けることになる．その結果，マルテンサイト粒は周りの結晶粒に合うように塑性変形することを余儀なくされる．塑性変形には**転位**

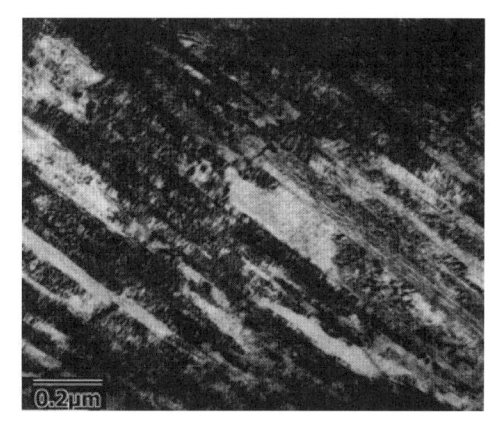

図 2.25 マルテンサイトの透過電子顕微鏡写真（18-8 ステンレス鋼）
左上方から右下方に斜めに走っている直線的なコントラストは双晶．双晶内部の細かいコントラストが転位．転位の密度が硬いので，個々の転位は識別できない．

（dislocation）による**すべり**（slip）と**変形双晶**（deformation twin）[*20]
とがあり，鉄鋼材料の組成などにより転位，双晶のいずれかあるいは両方が現れることがある（図 2.23（c）（d））．図 2.25 は鉄鋼材料中のマルテンサイト組織を示す．多数の転位と双晶が存在している．

▶ **d. 結晶学的関係**

マルテンサイト相と母相 γ 相の間は結晶学的に密接に結びついている．それが**方位関係**（orientation relationship）である．

方位関係とは母相とマルテンサイト相との結晶学的な関係を示すもので，2 つの相の間で共通する複数の結晶学的面および／または結晶学的方向を規定したものである．たとえば，**ベインの関係**では

$$(001)_{fcc}//(001)_{bcc}, \quad [110]_{fcc}//[100]_{bcc} \text{[*21]}$$

という関係が成り立つ．しかし，実際の鉄系合金ではベインの関係は実験的には観察されていない．実際に実験的に観察されている方位関係では，以下の 3 つが確認されている．

① **西山の関係**：

$$(111)_{fcc}//(011)_{bcc}, \quad [\bar{2}11]_{fcc}//[01\bar{1}]_{bcc}$$

② **Kurdjumov-Sacks の関係**：

$$(111)_{fcc}//(011)_{bcc}, \quad [\bar{1}01]_{fcc}//[\bar{1}1\bar{1}]_{bcc}$$

③ **Greninger-Troiano の関係**：$(111)_{fcc}$ と $(011)_{bcc}$ がほぼ平行であるが 1° 傾いている．$[\bar{1}01]_{fcc}$ と $[\bar{1}1\bar{1}]_{bcc}$ は 2.5° 傾いている．これは西山の関係と Kurdjumov-Sacks の関係の中間にあたる．

問題 γ-Fe（FCC，$a=3.5852$ Å）の（111）面と α-Fe（BCC，$a=2.8661$ Å）の（011）面を描くと，図 2.27 のようになる．これを用いて，Kurdjumov-Sacks の関係と西山の関係について考察せよ．

Co-Ni 合金や Fe-Mn，Fe-Ni，Fe-Ni-Cr 合金などでは，BCC あるいは BCT のマルテンサイトではなく，HCP の結晶構造を有するマルテンサイトが生成される．これを **ε-マルテンサイト**という（これに対して，これ

[*20] 双晶（twin）twin とは「双子」の意味である．
　図 2.23（c）から明らかなように，**双晶面**の上下で，上の結晶が下の結晶に対して鏡のような関係になっている．図 2.26（a）は Si 中の変形双晶の高分解能電子顕微鏡写真である．M と M' は母相，T が双晶である．12, 23, 34 は結晶格子面である．T と M との間では，格子面 23 と 34 は C_1C_2 が鏡面であるような関係（鏡面対称）になっている．T と M の界面も C_1C_2 と一致している．これに対して，T と M' の間では，格子面 12 と 23 は鏡面対称になっているが，M と T の界面は完全には連続でなく，矢印のところで不連続になっている．つまり，界面は鏡面対称の鏡面になっていない．C_1C_2 のような境界を**整合**（coherent）**双晶界面**といい，I_1I_2 のような境界を**非整合**（incoherent）**双晶界面**という．この原因は，双晶 T の厚さが変化していることである．T の厚さが上方から下方に向かって減少していることに注意されたい．
　双晶には，**変形双晶**（deformation twin）のほかに，焼鈍中に発生する**焼鈍双晶**（annealing twin）も存在する．焼鈍双晶は主として FCC 金属（Cu，Ag，Ni，オーステナイト系ステンレス鋼など）で観察される．これに対して，変形双晶は BCC（Fe），HCP（Mg，Ti，Cd，Zn）や正方結晶の β-Sn で観察される．焼鈍双晶は変形双晶よりもはるかに粗大なので，両者は容易に区別できる（図 2.26（b））．

[*21] 面は（ ）で方向は [ ] で表示する．

(a)

> **休 憩**
>
> 西山の関係と Kurdjumov-Sacks の関係を比べると，$(111)_{fcc}//(011)_{bcc}$ は共通である．一方，FCC の $[\bar{1}1\bar{1}]$ と $[11\bar{1}]$ 方向の間の角度は 70°32′ であるのに対して，それに対応する BCC の $[\bar{1}01]$ と $[101]$ の角度は 60°であり，10°32′ の差がある．この 10°32′ のギャップを埋める方法に，西山の関係と Kurdjumov-Sacks の関係で違いがある．西山の関係ではこのギャップを $[\bar{1}1\bar{1}]$ と $[11\bar{1}]$ 方向が平等に担うのに対して，Kurdjumov-Sacks の関係では $[\bar{1}1\bar{1}]$ と $[11\bar{1}]$ 方向のうち一方が全面的に負担して他は全く負担しない．平等な社会を好むのが西山の関係で，そうでないのが Kurdjumov-Sacks の関係であろうか？

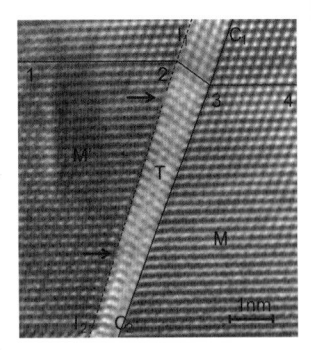

(b)

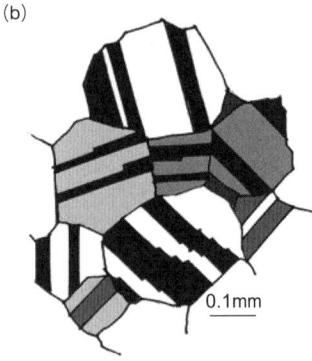

図 2.26 双晶
(a) 変形双晶の高分解能電子顕微鏡写真（Si）．(b) 焼鈍双晶（模式的）（Cu 合金）．

*22) HCP の結晶学的な方向および面の表示については通常のミラー指数（たとえば 110 のように3 つの数字で表記）のほかに 4 つの数字で表記する方法（たとえば $11\bar{2}0$）もよく用いられている．下図は HCP における指数付けを表す．[＞は方向を( )は面を表す．

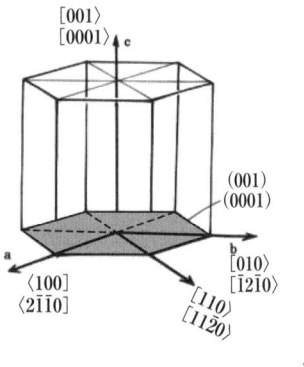

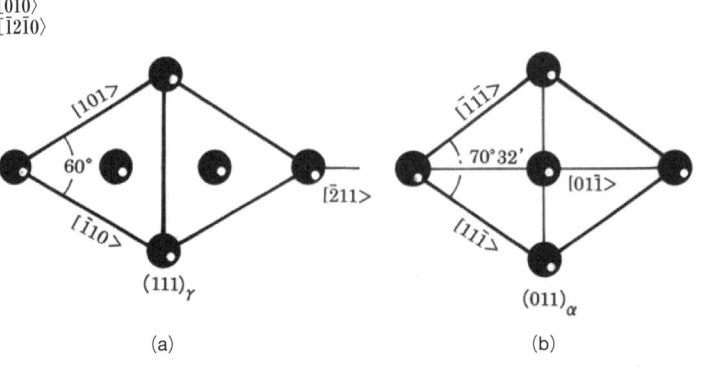

まで述べてきた BCC のマルテンサイト相を α-マルテンサイトと呼ぶ）．ε-マルテンサイト部に微細な双晶を含むことが多く，母相との方位関係は以下のごとくである．

$$[\bar{1}01]_{fcc}//[11\bar{2}0]_{hcp}=[110]_{hcp}*^{22)}, \quad (111)_{fcc}//(0001)_{hcp}=(001)_{hcp}$$

この場合の方位関係は**庄司-西山の関係**と呼ばれる．

問題 FCC 構造の (111) 面と HCP 構造の (0001) 面の原子配列は同じであることを確かめよ．

▶ **e. 晶癖面**

マルテンサイト相は一般的に板状で，特定の結晶学的面に沿って形成される．この面を**晶癖面**（habit plane）といい，一般に母相の結晶学的面で表示する．図 2.24 (a) の母相とマルテンサイトの界面が晶癖面である．(b) ではマルテンサイトはレンズ状で，晶癖面を定義できないが，ふつう，レンズの中央にミッドリブと呼ばれる直線状の特徴が現れる．このミッドリブを用いて晶癖面を定義する．

▶ **f. 残留オーステナイトと加工誘起マルテンサイト**

γ がマルテンサイトに変態するとき，大きな歪を伴うため，冷却時のマルテンサイト変態および加熱時のオーステナイト → マルテンサイトの逆変態（reverse transformation）にはヒステリシスが発生する（図 2.28）．冷却時のマルテンサイト変態の開始温度を M_s 点，終了温度を M_f 点という．また，加熱時の逆変態の開始温度を A_s 点，終了温度を A_f 点という（s は start，f は finish の頭文字）．

図 2.27 (a) γ-Fe（FCC．$a=3.5852$ Å）の (111) 面と (b) α-Fe（BCC．$a=2.8661$ Å）の (011) 面

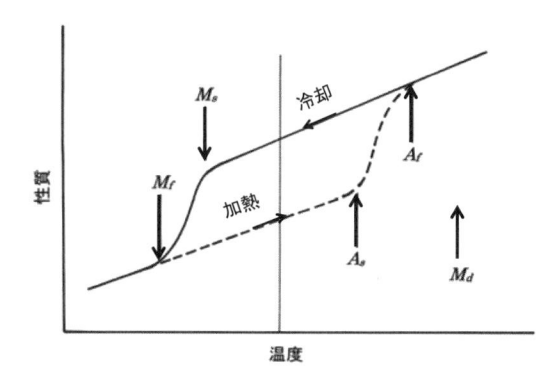

図 2.28 マルテンサイト変態におけるヒステリシス
M_s は冷却時のマルテンサイト変態の開始温度，M_f は終了温度．A_s は加熱時のマルテンサイト→オーステナイトの逆変態の開始温度，A_f は終了温度．M_d は加工でマルテンサイトが誘起される温度の上限．

　また，γのすべてがマルテンサイトに変態できるわけではない．それは先に変態を起こしたマルテンサイトがγのさらなる変態を妨害するからである．このようにマルテンサイトに変態し損なったγを**残留オーステナイト**（retained austenite）という．残留オーステナイトが多いと，焼入れ後の硬度が低くなるので，残留オーステナイトを少なくするための方法がいくつかある．

① 合金元素の添加：合金元素の添加により残留オーステナイトの量を減らすことができる．この効果を**焼入れ性の改善**という．

② **サブゼロ処理**：室温よりもさらに低温に保持することにより，マルテンサイト変態を促進することができる．

③ 塑性変形：マルテンサイト変態は結晶構造が変形する．したがって，外部からこの変形を促進するような外力が加わるとマルテンサイト変態が促進される．この現象を**加工（または歪）誘起マルテンサイト変態**（strain-induced martensitic transformation）という．加工誘起マルテンサイト変態は A_f 点よりも高い温度でも起きるが，あまりに温度が高いといくら塑性変形してもγが安定でマルテンサイト変態は起きない．塑性変形によってマルテンサイト変態が起きる上限の温度を M_d **点**という（図 2.28 参照）．

休 憩

ハッドフィールド鋼は Fe-10% Mn の組成を有する合金で，Hadfield[*23] によって開発された．高温から焼き入れした状態ではオーステナイトで中程度の硬さを示す．しかしこれを鋸で切断したり，やすりがけしようとすると加工誘起マルテンサイト変態が起き，著しく硬化する．このために，切断が不可能であり，摩耗もほとんどしない．このため，ハッドフィールド鋼はショベルカーのショベルなどに使用されている．

[*23] Robert Hadfield（英，1858-1940）

2.2.3 ● その他のマルテンサイト変態

マルテンサイト変態はもともと鉄系合金の $\gamma \rightarrow \alpha$-Fe の変態に対して命名された名称であるが，その他の系でも，拡散を伴わない変態の総称として用いられるようになった．その代表的なものが**形状記憶効果**や**擬弾性**が発現する合金系の**無拡散変態**である．

▶ a. 形状記憶効果および擬弾性

図 2.29 は通常の（擬弾性および形状記憶効果を示さない）合金の**応力-歪曲線**（σ-ε 曲線, stress-strain curve）である．図 2.30 は擬弾性および形状記憶効果を示す合金で引張試験を行った際に得られる応力-歪曲線である．ここで，**応力**（stress. σ で表す）は試験片全体に加えた力を試験片の断面積で割ったもので，単位面積あたりに作用する力である．その単位は kg/mm^2 または MPa（メガパスカル）で表す（$1\,kg/mm^2 = 9.8$ MPa）．**歪**（strain. ε で表す）は引張試験片の伸び量を初めの長さで割ったもので，初めの長さが 10 mm の引張試験片が 11 mm に伸びたとすると，歪は $(11-10)\,mm/10\,mm = 0.1$（10%）となる．

さて，図 2.29 において，応力が小さい間は応力と歪は正比例している．このような関係を**フックの法則**（Fooke's law）といい，このような変形を弾性変形（elastic deformation）と呼ぶ．この法則は，応力が小さいときにはすべての材料に当てはまる．応力をさらに増加させると，応力と歪の間の直線関係が破綻し，歪は一気に増加する．この現象を**降伏**（yielding）と呼ぶ．図 2.29 (a) は鉄鋼材料の応力-歪曲線で，応力がいったん低下したのち増加する．このような現象を**降伏点現象**（yielding phenomenon）という．一方 Cu などの非鉄材料においては図 2.29 (b) に示すように，応力-歪曲線は徐々に直線からずれる．したがって，降伏応力の定義は明確でない．フックの法則の直線からずれる応力（A′）を**弾性限界**（elastic limit. または**比例限界** proportional limit）という．工業的

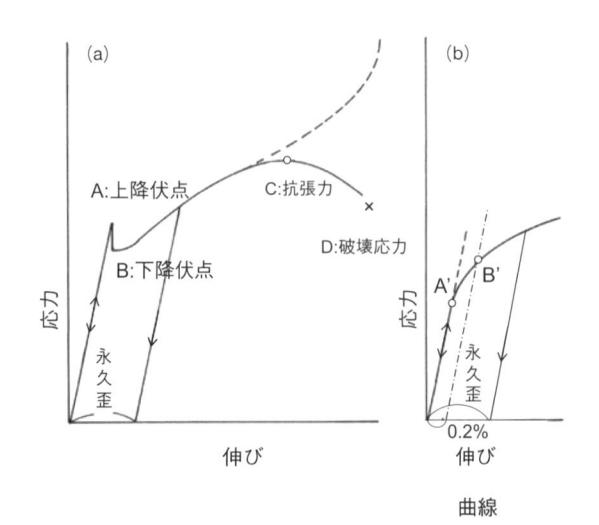

図 2.29　通常の金属材料の応力-歪曲線
(a) は鉄鋼材料，(b) は非鉄材料．(a) における破線は真応力を表す．

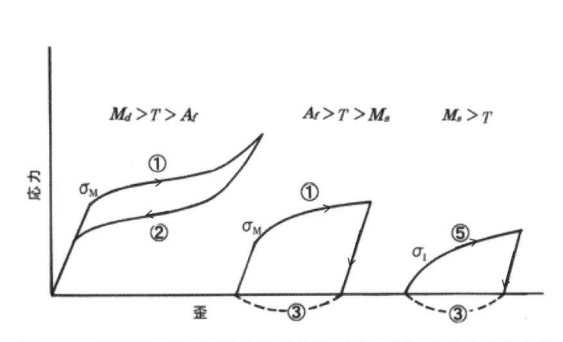

図 2.30 擬弾性（a）と形状記憶効果（b），（c）を示す合金の応力-歪曲線
①②③⑤は図 2.31 を参照．

図 2.31 擬弾性および形状記憶硬化の機構
①②③⑤については図 2.28 も参照．

には 0.2% の歪に到達した応力（B′）を**耐力**（proof stress）として定義し降伏応力の目安にしている．いずれにしても降伏後は急激に歪が増加し通常の材料の場合には，その後応力を除去しても元には戻らず，**永久歪**（permanent strain）が残る．これを**塑性変形**（plastic deformation）という．

ところが，図 2.30 においては，応力-歪の直線関係は破綻するが，その後，応力を除去すると応力を増加させたときの曲線に沿って逆戻りする．完全に応力を除去しても永久歪は発生しない．これが**擬弾性**（pseudo elasticity）または**超弾性**（super elasticity）と呼ばれる現象である．接頭語として擬がつく理由は，以下のごとくである．

① 応力を完全に除去した時に永久歪は残らない．
② しかし，応力-歪の比例関係は成立していない．

この一見摩訶不思議な現象には，マルテンサイト変態が関与している．図 2.31 を参照されたい．温度 T が $A_f<T<M_d$ の場合には，力を加えることによって，歪誘起マルテンサイト変態が起きる．その結果，合金の外形は変化する（図 2.31 の経路 ① に相当する）．σ_M はマルテンサイト変態開始に必要な応力である．しかし，このマルテンサイトは応力のもとでのみ安定である（$\because T>A_f$）．したがって応力を除去すると，マルテンサイトは元の高温相（オーステナイトに対応する）に逆変態し，外形も元に戻る（図 2.31 の ② の経路）．これが擬弾性である．

$M_s<T<A_f$ の場合には，応力を加えていく過程は上の場合と同じである（経路 ①）が，このマルテンサイトは応力のない状態でも安定である（$\because T<A_f$）．したがって，応力を完全に除去しても，マルテンサイト相のままでとどまる．高温相への逆変態は起きないため，外形は保存される．しかし，この状態で温度を A_f 以上に上げるとマルテンサイト相は不安定となり，高温相へと逆変態する（図 2.31 の経路 ③）．その結果，外形は変形前に戻る．これが形状記憶効果である．

$T<M_s$ の場合には，合金はすでに経路 ④ によってマルテンサイト変態を起こしている．形状記憶合金ではマルテンサイト内に多数の双晶を含

*24) (a) 立方晶（cubic），(b) 正方晶（tetragonal），(c) 単斜晶（monoclinic）．Monoclinic の M が Martensite の M に対応すると考えると覚えやすい．一般に結晶構造は高温になるほど対称性の高い構造をとる．

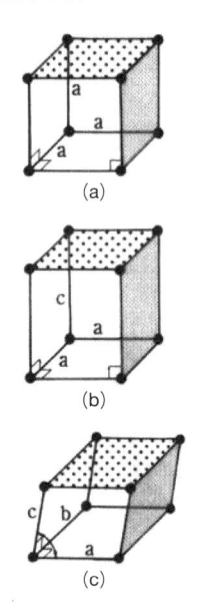

*25) 横軸の単位，mol%は分子濃度で，ZrO_2 と Y_2O_3 の分子の数の割合を表す（金属材料の原子濃度 at.%に対応）．

む．急冷によって生成したマルテンサイト相内では，双晶のペアがほぼ同じ確率で存在している．しかし，これに外力が加わると，双晶ペアのうち，外力に応答しやすいほうがそのカウンターパートを食って，拡大する（経路⑤）．このときの σ_1 は双晶界面の移動に必要な応力であり，σ_M より小さい．応力を完全に除去しても，元には戻らない．しかし，$T>A_f$ 以上に加熱すると，マルテンサイトは高温相に逆変態し，形状は元に戻る（図 2.31 の経路③）．

▶ b. セラミックスの強靭化

セラミックス ZrO_2-Y_2O_3 の系の状態図を図 2.32 に示す．ここでは正方晶（tetragonal）T 相が γ-オーステナイト相に，単斜晶（monoclinic）M 相が α-BCC 相に対応する*24)．C 相は立方晶（cubic）である．Y_2O_3 を 8 mol%*25) 以上添加すると全温度範囲で C 相となり，温度を変化させても $T \to M$ の相変態が起きない．このような組成のジルコニア ZrO_2 を安定化ジルコニア（stabilized zirconia）という．Y_2O_3 の添加量が 1.6%～8 mol%の場合には $T+C$ の 2 相が含まれる．C 相は低温まで安定なので，全体としてある程度安定化する．このような組成の範囲のジルコニアを部分安定化ジルコニア（partially stabilized zirconia）という．T 相領域から M 相領域に急冷すると無拡散の $T \to M$ のマルテンサイト変態が起き，ジルコニアは強靭になる．ただし，完全な M 相から急冷するとマルテンサイト変態に伴う歪や急冷に伴う熱応力のために亀裂が生じてしまう．このため実際にはマルテンサイト変態を起こす M 相の量を調整し部分安定化ジルコニアを用いる．

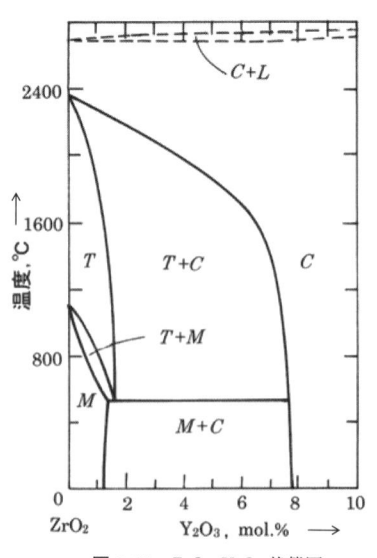

図 2.32　ZrO_2-Y_2O_3 状態図
C は立方晶，T は正方晶，M は単斜晶．

2.2.4 ● マルテンサイトの焼戻し，温度-時間-変態（TTT）図，連続冷却変態（CCT）図

▶ a. マルテンサイトの焼戻し

マルテンサイト変態ではCが過飽和に固溶している（Cが無理やりマルテンサイト内に閉じ込められている）ので，Cはマルテンサイトから離脱しようとする．離脱のためには，Cの拡散が必要である．拡散は温度が高いほど促進される．焼入れした鋼を少し高温に加熱（この操作を**焼戻し**（temper）という）すると，Cがマルテンサイトから離脱を開始し，最終的には（準安定）平衡相であるセメンタイト（Fe_3C，ギリシャ文字ではθで表す）を生成し，正方晶マルテンサイトは立方晶の$\alpha\text{-}Fe$（フェライト）へと変化する．これに伴い，硬度は低下するが，延性（可塑性）や靭性（粘り強さ）は増加する．

- ● マルテンサイトの焼戻し過程
  正方晶マルテンサイト → $\alpha\text{-}Fe$（フェライト）＋セメンタイト(Fe_3C, θ)
  硬度：　　　高い　　→　低い
  延性，靭性：低い　　→　高い

実際には，中間段階として立方晶マルテンサイトやFe_2C（ε相）が生成される．焼戻しは3段階で起きる．

・第1段（70～150℃）：過飽和にCを固溶した正方晶マルテンサイトから微細な炭化物が析出する．この炭化物は六方晶の$\varepsilon\text{-}Fe_2C$である．
　母相のマルテンサイトは立方晶のマルテンサイトへと変化するが，ほぼ一定の0.25 wt.% Cを含んでいる．このマルテンサイトを**低炭素マルテンサイト**と呼ぶ．
・第2段階（250～300℃）：残留オーステナイト → 低炭素マルテンサイト＋$\varepsilon\text{-}Fe_2C$の分解反応が起きる．
・第3段階（270～400℃）：$\varepsilon\text{-}Fe_2C$ → $\theta\text{-}Fe_3C$の変化と低炭素マルテンサイト → $\alpha\text{-}Fe$（フェライト）＋$\theta\text{-}Fe_3C$の析出が起きる．要するに準安定平衡状態になる．

これを図示すると図2.33のようになる．

高温	焼入	焼入状態 (as-quenched)	第1段階	第2段階	第3段階
オーステナイト($\gamma\text{-}Fe$)		マルテンサイト	低炭素マルテンサイト ＋ $\varepsilon\text{-}Fe_2C$		$\alpha\text{-}Fe$ ＋ $\theta\text{-}Fe_3C$ (セメンタイト)
		残留オーステナイト			
性質		硬い 脆い	←――――――――→		軟い 粘り強い

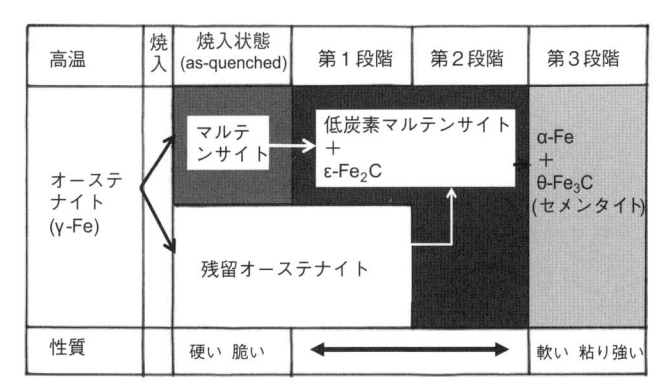

図2.33 マルテンサイトの焼き戻し

図2.34 モリブデン鋼の2次焼き戻し硬化
H_RC の意味については【休憩】参照．

この途中のどこの段階で実用に供するかがいわゆる**熱処理**[*26)]（heat treatment）のポイントであり，目的，経済性などによって決定される．

▶ b. 2次硬化

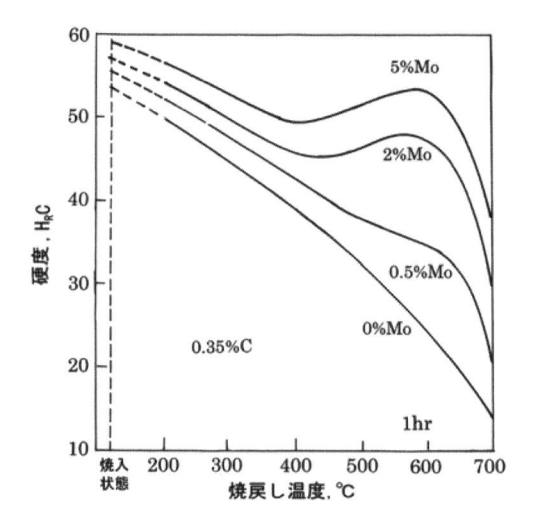

マルテンサイトの焼戻し中に，特殊鋼の場合には，合金元素と炭素が結合した炭化物（θ-Fe_3C セメンタイトやε-Fe_2C とは異なる）が析出することによって硬度が増す．図2.34はMoを含む特殊鋼を焼入れ後，焼戻した際，硬度が焼戻し温度にどのように依存するかを示したものである．Moの添加がない場合には硬度は焼戻し温度の上昇とともに単調に減少するが，0.5% Mo鋼では400℃以上での焼戻しに伴う軟化が減少し，3% Mo以上では600℃近傍で硬度が極大を示している．これを**2次硬化**（secondary hardening）という．

▶ c. 温度-時間-変態（TTT）図

実際の鉄鋼材料の熱処理は図2.35に示すように大別して以下の3つに分類できる．焼戻し（図2.35（a））についてはすでに2.2.4a項で述べた．

製鉄所で鉄鋼材料を製造する場合には，2.2.4a項で述べた焼入れ-焼戻しの熱処理はエネルギー効率が悪い．この方法では焼入れによっていったん室温まで冷却した鋼材を再び焼戻し過程で加熱する必要があるからである．

高温で冷却の過程で焼戻し温度に対応する温度に一時保持して，組織の調整を図るほうがエネルギー効率はよい．そのような熱処理法が図2.35（b）の等温変態処理である．等温熱処理で起きている現象を理解するのに必要なのが温度-時間-変態（TTT）[*27)]図（図2.36（a））である．

この変態は M_s 点以上で起きるから，マルテンサイト変態ではなく，基本的にはパーライト（共析）変態である．すなわち，過冷却されたγオ

[*26)] **熱処理の用語**
- **焼き入れ**（quenching）：本来の意味は急冷すること．水焼入れ（water quench, WQ），油焼入れ（oil quenching, OQ），氷水焼入れ（ice water quench, IWQ），塩水焼入れ（brine quench）などがある．
- **焼入れ硬化**（quench hardening）：鉄鋼材料の場合には，Ac_3 変態点以上からオーステナイトを急冷することにより，マルテンサイト変態によって硬化させることを意味する．
- **焼ならし**（normalizing）：鋼を変態点（Ac_3 または Ac_m）より 30〜50℃高い温度のオーステナイト領域で加熱した後，大気中で冷却する操作をいう．
- **焼戻し**（temper）：焼入れによって硬化させたマルテンサイトを A_1 点以下の温度で加熱することによって，硬度を減少させると同時に靭性を増加させる操作．俗にいう「焼きがまわってきた」とは焼戻しにより軟化することの比喩．
- **焼鈍**（焼なまし，annealing）：組織の調整，内部応力の除去のために適当な温度に加熱した後，徐冷する操作のこと．

[*27)] Time-Temperature-Transformation の頭文字をとったもの．

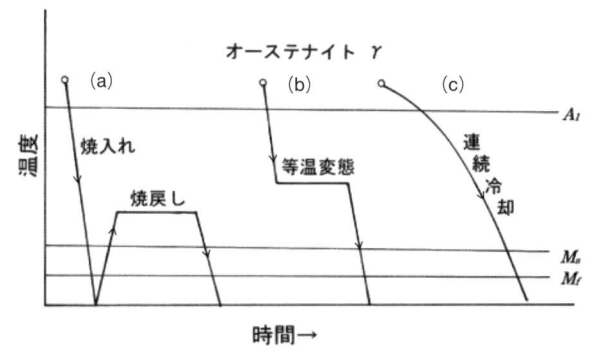

図2.35 鋼の熱処理

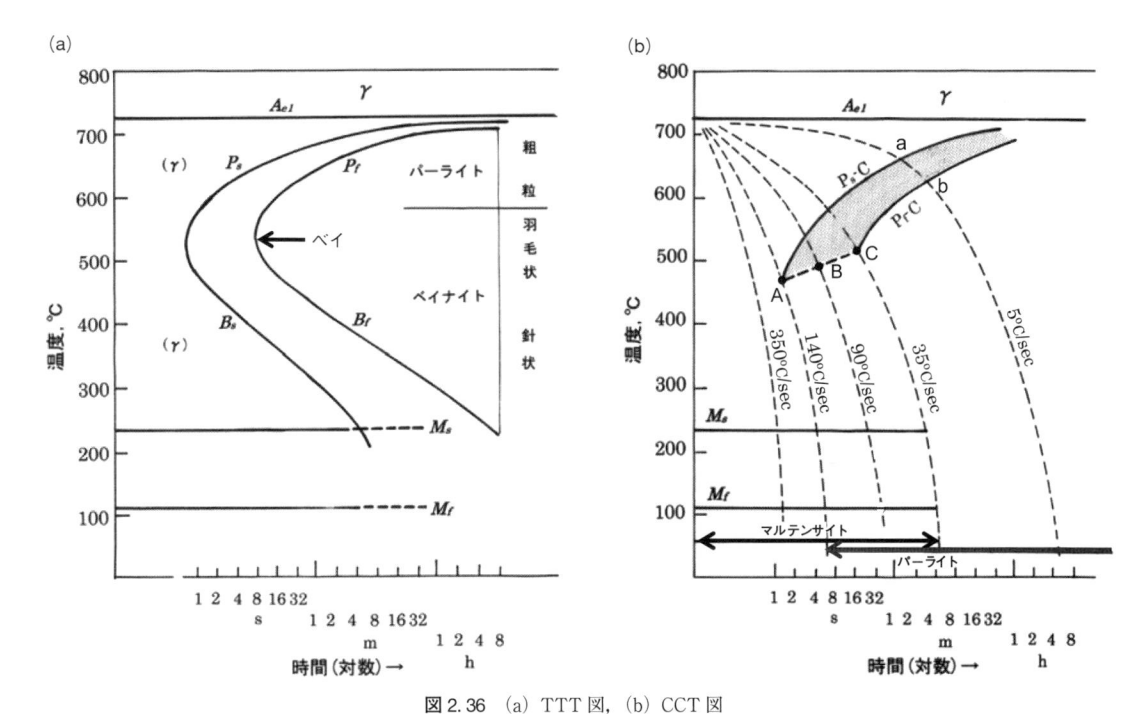

図2.36 (a) TTT図，(b) CCT図
P_s はパーライト変態の開始，P_f はその終了時．B_s はベイナイト変態の開始，B_f はその終了を表す．P_s-C はパーライト変態の開始，P_f-C はその終了を表す．ここで，C は continuous（連続）の意味．M_s, M_f はマルテンサイト変態の開始および終了温度．点線は冷却時の温度変化を表す．350℃/sec で冷却すると，パーライト変態を起こすことなく，M_s 点に達しマルテンサイト変態が開始し，M_f 点で終了する．したがって室温で得られる組織はマルテンサイトである．35℃/sec より冷却速度が小さいとマルテンサイト変態は起きずパーライト組織のみが得られる．A-C を通過する場合には（マルテンサイト＋パーライト）の混合組織が得られる．

ーステナイトから α や θ が析出する．過冷却の度合い（**過冷却度**）が高いほど，析出しようとする傾向は増すであろう．この析出したいという願望を**駆動力**（driving force）という．過冷却度は温度が低いほど高い．つまり，駆動力は高い．しかし，一方で，θ の析出が起きるためには過飽和に固溶している C 原子が拡散してある程度の数が集合する必要がある．拡散は温度が低くなると遅くなる．結局，駆動力と拡散がどちらもある程度大きい，過冷却度が中くらいの温度で θ の析出が最速で起きることになる．TTT 図で示すと，図2.36 (a) のようになり，最も核形成が速い領

休 憩

　硬さ（硬度）測定は簡便な機械的性質の測定法である．サンプルよりも硬い材料（圧子 indenter という）を一定の力（L）で，サンプルの表面に押し込み，表面に転写された窪み（圧痕 indent, indentation）の面積（S）を測定し，L/S で硬度を定義する．圧子の材質と形状によって，種々の硬度が定義されている．

- ロックウェル（人名．Hugh M. Rockwell と Stanley P. Rockwell）：圧子は円錐状の鋼（B スケール）（H_RB），または球状のダイヤモンド（A, C スケール）（H_RA または H_RC）．
- ブリネル（人名．J. A. Brinell）：圧子は球状の鋼（Bn）．
- ビッカース（企業名．英国）：圧子は四角錐状のダイヤモンド（Hv または VH（Vickers Hardness），DPH（Diamond Pyramid Hardness））．
- ヌープ（人名．Frederick Knoop）：ビッカースの四角錐の一方が長く，硬度の異方性の測定に用いられる．
- バーコビッチ（人名．E. S. Berkovich）：圧子は三角錐のダイヤモンド．

　最近は，一定の力で押しこみを行うのでなく，力を徐々に増加させていき，押し込み深さを連続的に測定する方法が用いられている．しかも非常に微小な力や押し込み深さが測定できる．この押し込み試験をナノインデンテーション（nanoindentation）と呼ぶ．

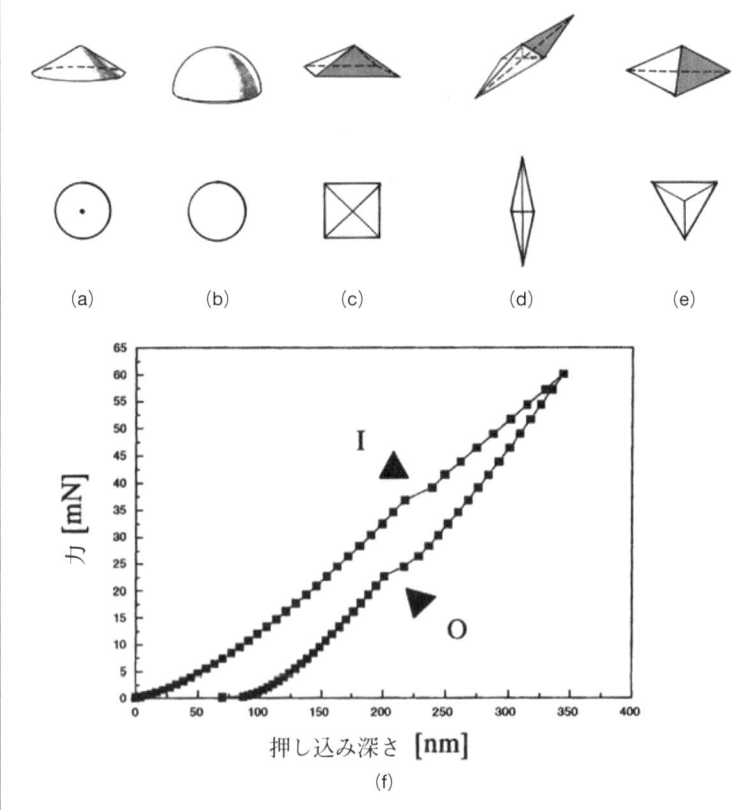

図 2.37　(a～e) 各種硬度計の圧子の形状（上）とそれに対応する圧痕の像（下），(f) ブリネル型の圧子を用いたナノインデンテーションの例（Si，室温）
(a) ロックウェル（B スケール）（H_RB），(b) ロックウェル（A および C スケール）（H_RA, H_RC）およびブリネル，(c) ビッカース，(d) ヌープ，(e) バーコビッチ．
(f) 図 2.2 の応力-歪曲線に対応する．荷重の増加中の不連続点（I）をポップイン（pop-in），除荷重中の不連続点（O）をポップアウト（pop-out）という．

域を「ベイ」という．

　ベイより高温では明確にパーライトが観察され，以前はソルバイト[*28]，ツルースタイトと呼ばれた．ベイより低温で形成される組織は微細で，**ベイナイト**（Bainite）と呼ばれる．

▶ d. 連続変態曲線（CCT図）

　鉄鋼材料の溶接のような場合には，溶接部やその周辺部は，溶接時の高温から連続的に冷却される．このような場合に起きる変態を理解するのに有効なのが連続変態曲線（CCT図）[*29]である（図2.36（b））．

　ここで，破線は冷却曲線を表す．P_s-C（パーライト（P）の開始（s）を示すCCT図の意味）およびP_f-C（fは終了（finish）の意味）はパーライトが析出する反応（パーライト反応）の開始と終了に対応する．

　350℃/secで冷却された場合には，P_s-C曲線に引っかかることなく室温まで冷却されるので，組織は全面的にマルテンサイトである．A～Cを通過する場合には，P_s-Cは通過するが，P_f-Cは通過しない．つまり，パーライト反応が未完に終わる．したがって得られる組織は（パーライト＋マルテンサイト）の混合組織になる．

　一方，a, b点を通過する冷却曲線（5℃/sec）の場合を考えてみよう．オーステナイト（γ）はa点までは過冷却される．a点でパーライトが析出を開始し，b点で完了する．したがって，室温まで冷却されたときの組織はパーライトのみでマルテンサイトは生成されない．マルテンサイトを生成させるためには，冷却速度は最低でもC点を通過（35℃/sec）するよりも大きくなければならない．このようにマルテンサイト生成に必要な最低の冷却速度を**臨界冷却速度**（critical cooling rate）と呼ぶ．

2.2.5 ● 焼入れ性の評価と改善

▶ a. ジョミニーの一端焼き入れ試験

　2.2.2.f項でも述べたように，Fe-C系の普通鋼を高温のγ（オーステナイト）相から焼入れしても，γ相のすべてがマルテンサイトに変態するのではなく，一部にγ相が残留する（残留オーステナイト）．そのために十分に硬化しない．これを焼入れ性（hardenability）が悪いという．焼入れ性の評価には**ジョミニー**（Jominy）[*30]**の一端焼入れ試験**が広く用いられている．この方法は，加熱された丸棒状の試験片の一端に水を噴射して冷却し（図2.38（a）），端部から硬度を測定して硬度の分布を求める．冷却速度は端部が最大で上部にいくほど減少する（図2.38（b））．焼入れ硬化のための臨界冷却速度が十分低い場合（図2.38（b）で①に示す）には端部から上部までマルテンサイト変態が起きるため，硬度は図2.38（c）の①に示すように試験片全体にわたり一定の値を示す．つまり，焼入れ性が高い．

　一方，臨界冷却速度が高い場合（図2.38（b）の②に対応），マルテンサイト変態が起きるのは端部からaまでの部分であり，したがって，硬度もaより上部では減少する．これは焼入れ性が低い場合に対応する．実際

[*28] Henry Sorby（英国，1826～1908）近代金属組織学の祖．

[*29] Continuous Cooling Transformation の頭文字をとったもの．

[*30] Walter Jominy（米国，1893～1968）．

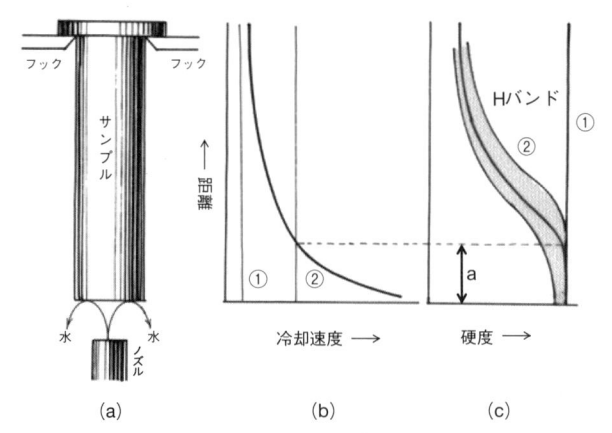

図 2.38 ジョミニーの一端焼き入れ試験
高温に加熱したサンプルをフックに吊るし，下方のノズルから水を噴射して冷却する（a）．冷却速度は下部ほど大きい（b）．臨界焼入れ速度が小さいと（①で示す場合），サンプル全体に焼きが入りマルテンサイト変態するため，硬度は全体に高くなる（c）．臨界焼入れ速度が高いと（②の場合），末端から a の距離の下部にしか焼きが入らない．したがって，硬度は（c）の②に示すようになる．この方法は誤差が大きいので，硬度が（c）の②で示すハッチングした範囲に入るか否かで焼入れ性を判断する．この範囲を H バンドという．

には測定にばらつきがあるので，硬度の分布がある範囲（図 2.38（c）においてハッチングで示す領域）に入れば，焼入れ性が規格範囲内にあると判定する．このハッチングの範囲を H バンドという．

▶ b. 焼入れ性の改善

焼入れ性を改善するため，少量の合金元素の添加が有効である．特に Cr, Mo, Mn などが有効である．このような合金元素を添加した鋼を**特殊鋼**（special steel）または**合金鋼**（alloy steel）という．

2.2.6 ● 表面硬化（case hardening）

鋼の材料としての最大の魅力は，熱処理によって強度，硬度，靭さを調整できることである．しかも，内部を粘り強くして，表面を硬くすることが比較的容易にできる．内部が粘り強く，表面が硬い典型的な例は日本刀である．これについては最後に譲るとして，近代的な鉄鋼技術における表面硬化法には，火炎焼入れ，高周波焼入れ，侵炭，窒化法，ショットピーニングなどがある．

火炎焼入れ（flame hardening）は炎によって表面をオーステナイト領域まで加熱し，内部がまだ十分に加熱されないうちに焼入れする方法で，表面のみマルテンサイト変態が起きて硬化する．**高周波焼入れ**（induction hardening）は高周波の特徴を生かして表面のみを誘導加熱し，焼入れする方法である．このようの表面処理を受けた鋼を**肌焼き鋼**（case hardened steel）という．レーザを用いて部分的に加熱し，その後に焼き入れする**レーザ焼入れ**（laeser hardening）もこの範疇に入る．

侵炭法は表面から C を拡散させた後に焼入れする方法である．ここでの C の役割は，図 2.21 より容易に想像できるように，侵炭層内でのマルテンサイト相内の固溶 C の量を増加させることによって，マルテンサイ

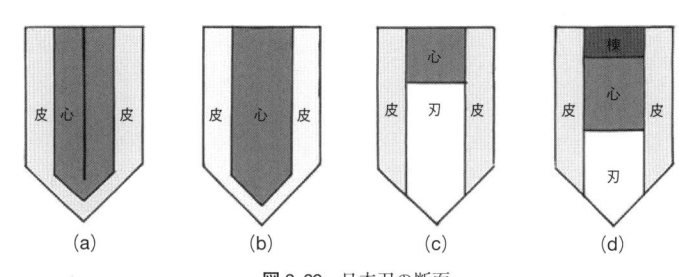

図 2.39 日本刀の断面
(a) 捲鍛（まくりきたえ），(b) 甲伏（こうぶせ），(c) 本三枚，(d) 四方詰．

トを硬化させることである．**窒化**による N はマルテンサイト変態には直接寄与しないが，鋼中の微量元素と反応し微細な窒化物を生成することによって，析出硬化を引き起こす．**侵炭・窒化法**は侵炭と窒化を同時に行う方法である．

ショットピーニング（shot peening）はこれらとは趣の異なる方法である．表面に硬い粒子を打ちつけることによって，表面層を塑性変形させ，**加工硬化**[*31]（work hardening）によって表面を硬化させる方法である．

■**日本刀**　日本刀は心の部分を低炭素（～0.3% C）の軟らかく粘い α フェライト，外部の刃，皮の部分を高炭素（～0.6% C）のマルテンサイト組織で構成したものである（図 2.39）．通常の表面硬化法と根本的に異なる点は，皮または刃に当たる部分と心に当たる部分を別々に準備しておき，それを高温で鍛えて接合する（**熱間鍛造** hot forging という）点である．これにより，高温から焼き入れした際に皮（および刃）と心の硬度を独立に調整できる．

さらに，高温から焼き入れする前に，焼刃土（やきばつち）（耐火性粘土の一種）を刀身に塗るが，心の部分には厚く，皮（刃）の部分には薄く塗っておく．厚く塗られた部分の冷却速度は小さく，薄い部分は大きい．図 2.39（b）より明らかなように，薄い部分（すなわち，皮（刃））はマルテンサイト変態が起き硬化するが，厚い部分（心）ではマルテンサイトは生成されず，軟らかく粘くなる．

このように，異なる性質の材料を複合化して，全体としてより望ましい性質を有するように工夫した材料を**傾斜機能材料**（functionally graded material）と呼ぶ．

*31) **加工硬化**(work hardening)：金属を塑性変形すると硬くなる現象．図 2.30 において，変形が塑性変形に及ぶと，永久歪を発生し，力を取り除いても完全に元には戻らない（これが塑性変形の定義）．再び力を加えると点線で示した経路をたどる．すなわち，弾性変形領域が広がる．つまり，硬くなる．針金を繰り返し曲げると次第に硬くなることは日常的に経験することである．

3章

2元系状態図の熱力学

3.1 異相平衡の条件

　状態図は熱力学の異相平衡の条件を可視化したものである．したがって，その本質の理解には熱力学による状態図の説明を理解する必要がある．第3章では，2元状態図を理解する上で，最小限必要な熱力学について述べる．

　平衡状態においては，「系（つまり合金）全体の自由エネルギーが最小となる」．一方，「2元系を構成している各成分（2元系合金の場合には，A，B原子）の化学ポテンシャルが共存する相（2元系合金の場合には，最大3相）の間で等しい」．以下に，この2つの命題が等価であることを示す．

3.1.1 ● 化学ポテンシャル

▶ a. 化学ポテンシャルの定義

　図3.1（a）に示すような簡単な全率固溶体の状態図を考えてみよう．A，Bの融点T_A, T_Bよりも低いT_αにおいて，α固溶体の自由エネルギー（ギブスの自由エネルギー）G^αを全組成（x_B）にわたってプロットすると図3.1（b）に示すように下に凸の曲線となる*1)．

　熱力学の定義によれば，A原子のα相内での化学ポテンシャル，B原子のα相内での化学ポテンシャルは，それぞれ

*1) 以下に示す自由エネルギー／組成曲線は，すべて下に凸であるが，もちろん，上に凸の場合もありうる（これについては後述する）．しかし，自由エネルギーが最小になる状態を論じているので，当面，すべて下に凸と仮定する．なお，μの添え字の意味は以下のとおりである．

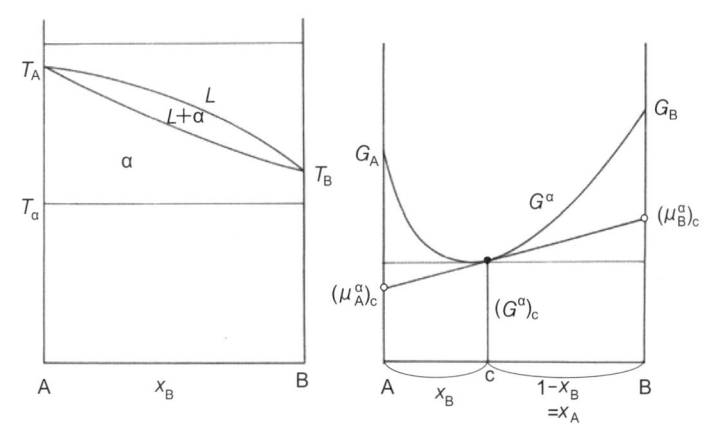

$$(\mu \,^{相}_{原子})_{組成}$$

図3.1 （a）全率固溶体（α）の状態図，（b）温度T_αにおけるギブスの自由エネルギー（G）と化学ポテンシャル（μ）の関係

$$\mu_A^\alpha = \left(\frac{\partial G^\alpha}{\partial n_A}\right)_{T,p,n_B}$$
$$\mu_B^\alpha = \left(\frac{\partial G^\alpha}{\partial n_B}\right)_{T,p,n_A} \tag{3.1}$$

となる．ただし，n_A は A 原子の数，n_B は B 原子の数．G^α はギブスの自由エネルギーで，図 3.1 (b) より明らかなように n_A, n_B の関数である．

A, B 原子の原子分率 x_A, x_B はそれぞれ

$$x_A = \frac{n_A}{n_A + n_B} = \frac{n_A}{N}$$
$$x_B = \frac{n_B}{n_A + n_B} = \frac{n_B}{N} \tag{3.2}$$

で表される．ただし $N = n_A + n_B$．

G^α は示量性状態量[*2] だから，

$$\begin{aligned}G^\alpha(n_A, n_B) &= G^\alpha(Nx_A, Nx_B)\\ &= NG^\alpha(x_A, x_B)\\ &= NG^\alpha(1 - x_B, x_B)\end{aligned} \tag{3.3}$$

両辺を n_A, n_B で偏微分すると，

$$\begin{aligned}\left(\frac{\partial G^\alpha}{\partial n_A}\right)_{T,p,n_B} &= G^\alpha + N\left(\frac{\partial G^\alpha}{\partial x_B}\right)_{T,p}\left(\frac{\partial x_B}{\partial n_A}\right)_{T,p,n_B}\\ &= G^\alpha + (n_A + n_B)\left(\frac{\partial G^\alpha}{\partial x_B}\right)_{T,p}\left(\frac{\partial x_B}{\partial n_A}\right)_{T,p,n_B}\end{aligned} \tag{3.4}$$
$$\left(\frac{\partial G^\alpha}{\partial n_B}\right)_{T,p,n_A} = G^\alpha + (n_A + n_B)\left(\frac{\partial G^\alpha}{\partial x_B}\right)_{T,p}\left(\frac{\partial x_B}{\partial n_B}\right)_{T,p,n_B}$$

[*2] **示量性状態量**：熱平衡状態を変えずに系を分割したり，倍加したりするとき全体の量に応じて変化する状態量（例：各成分の質量，エネルギー，エントロピー）．自由エネルギーの単位は joule/mol, cal/mol であり，量（mol）に比例する．これに対して**示強性状態量**は系全体の分量に関係しない変数（例：温度，圧力，化学ポテンシャル）．

(3.2) 式より，

$$\left(\frac{\partial x_B}{\partial n_A}\right)_{n_B} = -\frac{n_B}{(n_A + n_B)^2} = -\left(\frac{n_B}{n_A + n_B}\right)\frac{1}{n_A + n_B} = -\frac{x_B}{n_A + n_B}$$
$$\left(\frac{\partial x_B}{\partial n_A}\right)_{n_A} = -\frac{1 - x_B}{n_A + n_B}$$

これを (3.4) 式に代入すると

$$\mu_A^\alpha \equiv \left(\frac{\partial G^\alpha}{\partial n_A}\right)_{T,p,n_B} = G^\alpha - \left(\frac{\partial G^\alpha}{\partial x_B}\right)_{T,p} x_B$$
$$\mu_B^\alpha \equiv \left(\frac{\partial G^\alpha}{\partial n_B}\right)_{T,p,n_A} = G^\alpha + \left(\frac{\partial G^\alpha}{\partial x_B}\right)_{T,p} (1 - x_B) \tag{3.5}$$

つまり，α 相中の A 成分の化学ポテンシャルは，自由エネルギー／組成曲線で，注目している組成 (c) で接線を引いたときの $x_A = 1$ ($x_B = 0$) の切片で，B 成分の化学ポテンシャルは $x_B = 1$ ($x_A = 0$) の切片で表される．A, B 原子の化学ポテンシャルは組成 x_B の関数であることに注意されたい．

組成 x_B の合金の自由エネルギー $G^\alpha(x_B)$ は

$$G^\alpha(x_B) = (\mu_A^\alpha)_{x_B} x_A + (\mu_B^\alpha)_{x_B} x_B \tag{3.6}$$

で表される．

問　題　(3.6) 式を導け．

▶ b. 共通接線の法則

A-B 2元系において，α, β 2 相が共存する場合を考察してみよう（図3.2）．α，β 相の自由エネルギー／組成曲線はそれぞれ m, n で極小値を示す．しかし，組成 m, n が α, β 2 相が平衡に共存する組成ではない．なぜなら，組成 m の α 相における A 原子の化学ポテンシャルは $(\mu_A^\alpha)_m$ は，組成 n における β 相内の A 原子の化学ポテンシャル $(\mu_A^\beta)_n$ よりも低く，両者は等しくないからである．同様のことが B 原子の化学ポテンシャルについてもいえる．

α 相 ($x_B=p$) と β 相 ($x_B=q$) が存在する場合の平衡条件は，A，B 原子の化学ポテンシャルがそれぞれ α, β 相内で等しい．すなわち，

$$(\mu_A^\alpha)_p = (\mu_A^\beta)_q \quad (\text{A 原子について}) \tag{3.7a}$$

$$(\mu_B^\alpha)_p = (\mu_B^\beta)_q \quad (\text{B 原子について}) \tag{3.7b}$$

であり（$(\mu\,^{相}_{原子})_{組成}$），p, q は α, β 相の自由エネルギー／組成曲線の共通接線の接点に対応する．

次に，平衡からずれた α 相の組成が $x_B=p'$，β 相の組成が $x_B=q'$ が共存する場合を考えてみよう．この場合には，A 原子の化学ポテンシャルは

$$(\mu_A^\alpha)_{p'} < (\mu_A^\beta)_{q'}$$

となり，A 原子の化学ポテンシャルは β 相の方が α 相よりも高い．したがって，A 原子は（化学ポテンシャルの）高い β 相から低い α 相へと移動する．

一方，B 原子の化学ポテンシャルは

$$(\mu_B^\beta)_{q'} < (\mu_B^\alpha)_{p'}$$

となり，B 原子は化学ポテンシャルの高い α 相から低い β 相へと移動する．その結果，β は B の濃度が増加し，α は A の濃度が増加する．つまり，

$$q' \rightarrow q$$
$$p' \rightarrow p$$

と移行し，最終的には平衡組成 (p, q) に移行する．

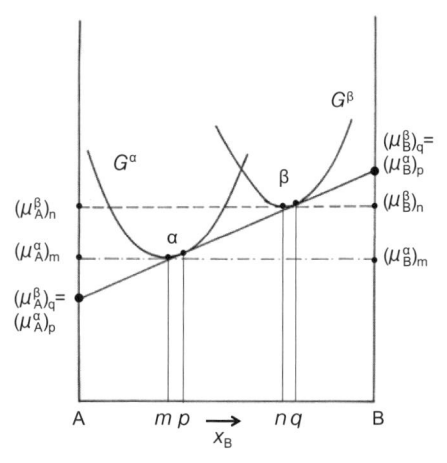

図3.2 α 相と β 相の化学ポテンシャル

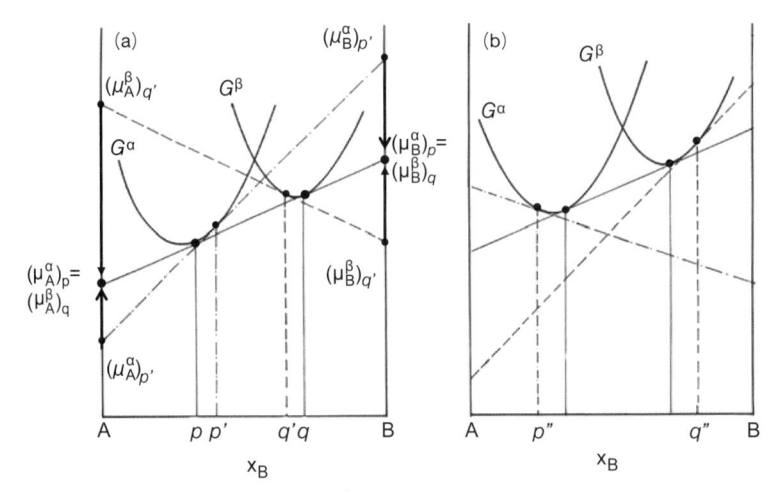

図3.3 平衡濃度からずれた濃度でα, βの2相が共存するときのそれぞれの化学ポテンシャル

問題 図3.3 (b) に示す場合についても同様の考察を行え.

一方,系全体の自由エネルギーの観点から考察してみよう.異なる2相 (α+β) の混合物からできている合金の自由エネルギーは,2つの相の自由エネルギーを示す点 $((G_\alpha)_p, (G_\beta)_p)$ を結んだ直線上の c に相当する点で示される.図3.4 (a) より明らかなように,組成 c における,$(\alpha)_p$ と $(\beta)_q$ の混合物の自由エネルギー $(G)_c$ は

$$(G)_c = (G_\alpha)_p \times (\alpha \text{相の量}) + (G_\beta)_p \times (\beta \text{相の量}) = (G_\alpha)_p \times \frac{n}{m+n} + (G_\beta)_q \times \frac{m}{m+n}$$

ここで,p, q は α, β両相の自由エネルギー曲線の共通接線の接点である.

図3.4 (b) の $(p', q'), (p'', q'')$ のように,α相,β相の自由エネルギー曲線の他のいかなる2点の組み合わせも $(G)_c$ よりも高いことは明らかである.

以上の考察(化学ポテンシャルおよび自由エネルギー)のいずれも同じ結論に達した.つまり

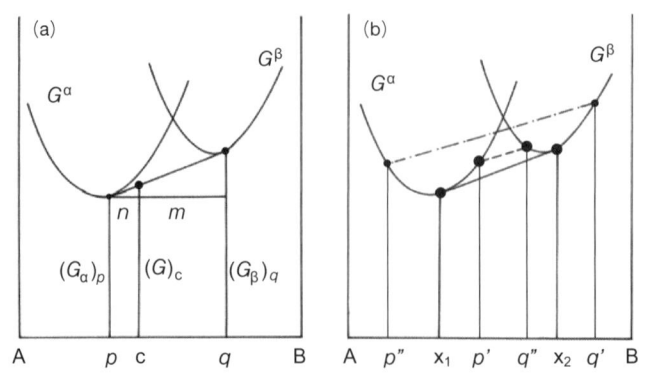

図3.4 (a) 共通接線による平衡濃度の決定.(b) 平衡濃度からずれたα, β相が共存するとその混合物の自由エネルギーは高くなる.

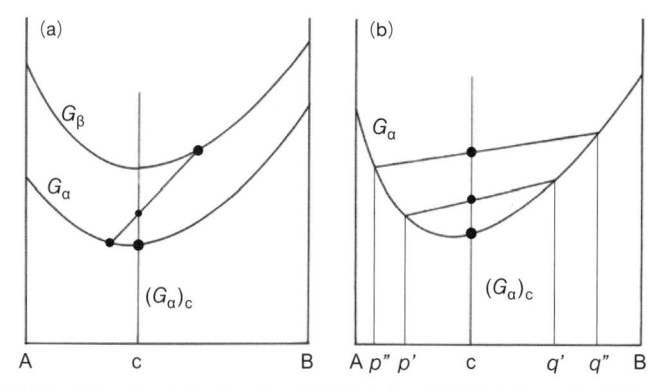

図 3.5 (a) α相の自由エネルギーがβ相よりも，全組成にわたって低い場合．
(b) α相の自由エネルギーが下に凸の場合．

> **重要**
> ・α+βの2相が混合している際の平衡相の組成 p, q はα，β相の自由エネルギー／組成曲線の共通接線の接点に対応する．

図 3.5（a）に示すように，α相の自由エネルギー曲線がβ相の自由エネルギー曲線よりも常に低い場合には，α，β両相にまたがる組成の混合物はα単相の自由エネルギー $(G_\alpha)_c$ よりも常に高い．つまり2相混合はありえない．α相の自由エネルギー曲線が下に凸の場合には組成 c において，2つの異なる組成のα相の混合物（$(p'+q')$ や $(p''+q'')$）の自由エネルギーは単一組成の c の自由エネルギー $(G_\alpha)_c$ よりも常に高い．つまり，このような下に凸の自由エネルギー曲線が現れる組成ではα単相が平衡である．

以上を要約すると，

① 組成の全範囲でα相の自由エネルギーがβ相の自由エネルギーより低い（図 3.1（a））．この場合，全組成にわたってα相の自由エネルギーがβ相よりも低く，α相が平衡相になる．

② これに対して図 3.2 に示すような自由エネルギー／組成曲線の場合には，組成 x_B を3つの領域に分割することができる．ここで，p, q はα相およびβ相の自由エネルギー／組成曲線の共通接線の接点である．

　ⅰ）$0 < x_B < p$：この範囲内ではα相の自由エネルギーがβ相の自由エネルギーより低い．つまりα相が平衡相である．

　ⅱ）$q < x_B < 1$：この範囲内ではβ相の自由エネルギーがα相の自由エネルギーより低い．つまりβ相が平衡相である．

　ⅲ）$p < x_B < q$：この範囲では $(\alpha)_q$ と $(\beta)_q$ が平衡相である．

AB 2元系でα初晶，β初晶以外に中間相が存在する場合の自由エネルギー／組成曲線は図 3.6 に示すようになることは明らかであろう．

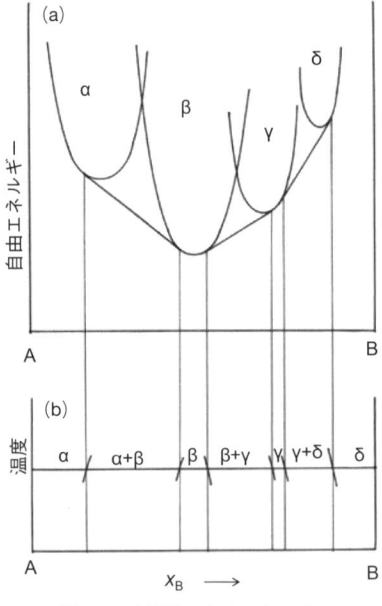

図 3.6 中間相の自由エネルギー

3.1.2 ● 簡単な平衡状態図と自由エネルギー

各温度における各相の自由エネルギー／組成曲線を描き，共通接線の法則を適用する．

▶ a. 全率固溶体

この場合に存在する相はα固溶体と液相（L）の2相のみである．各温度における自由エネルギー／組成曲線（定性的）とそれに対応する状態図を図 3.7 に示す．

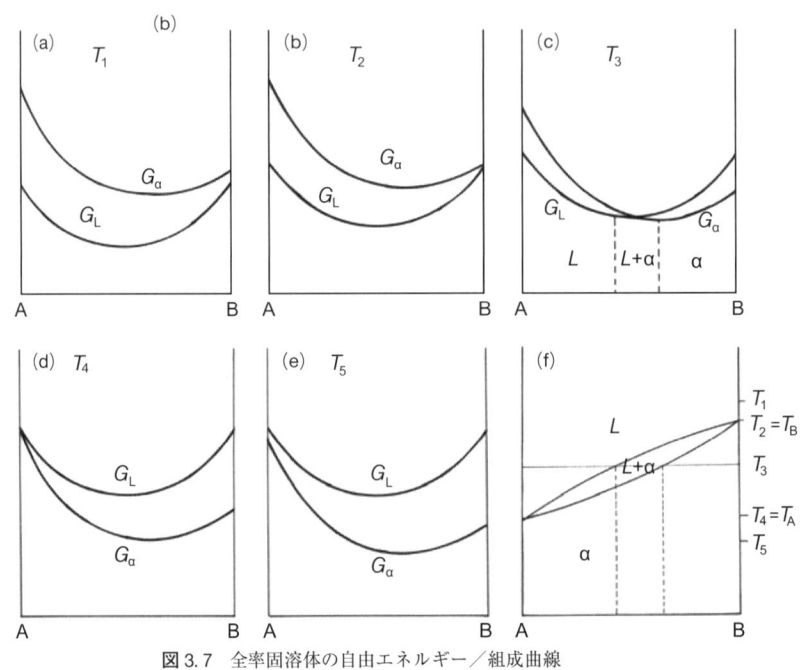

図 3.7 全率固溶体の自由エネルギー／組成曲線
(a) T_1，(b) T_2，(c) T_3，(d) $T_4=T_A$，(e) T_5，(f) 状態図．

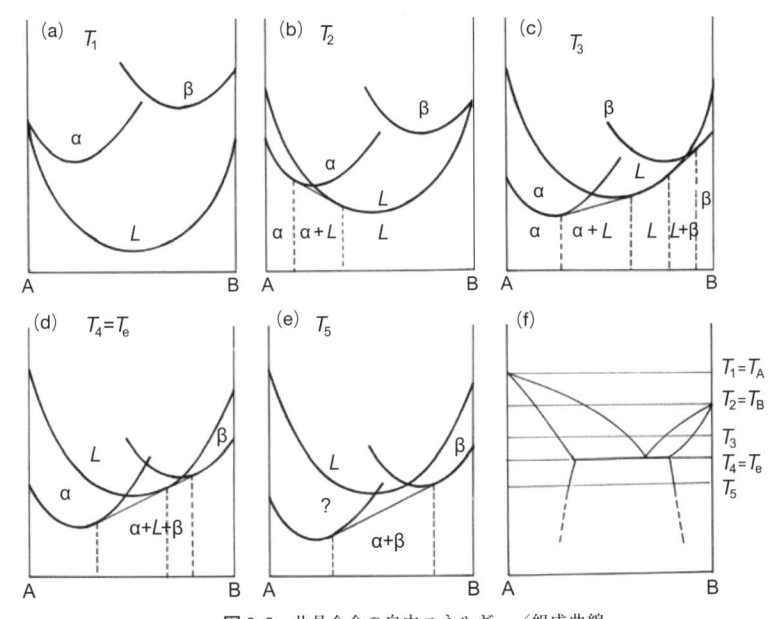

図3.8 共晶合金の自由エネルギー／組成曲線
(a) $T_1=T_A$, (b) $T_2=T_B$, (c) T_3, (d) $T_4=T_e$（共晶温度），(e) T_5, (f) 状態図．

▶ **b. 共晶合金**

この場合には液相とα固溶体およびβ固溶体の3相が存在する．各温度における自由エネルギー／組成曲線（定性的）とそれに対応する状態図を図3.8に示す．

問題 $T=T_4$は共晶温度である．共晶反応においてで$L+\alpha+\beta$の3相が共存する場合に温度もα, βの組成も一義的に決まることを示せ．また，これから共晶反応の自由度$f=0$の意味を考察せよ．

問題 包晶反応についても自由エネルギー／組成曲線を描け．

問題 定融点合金が極大または極小をもたなければならない理由を自由エネルギー／組成曲線を用いて考察せよ．図1.43参照．

問題 図1.44の問題を自由エネルギー／組成曲線を用いて考察せよ．

3.1.3 置換型固溶体の自由エネルギー

これまで，置換型固溶体の自由エネルギー／組成曲線は下に凸であると仮定してきた．以下に具体的に自由エネルギー／組成曲線を求めてみよう．

ここでは一定圧力，定温（絶対温度T）における自由エネルギーを取り扱っているので，**ギブスの自由エネルギー**Gを用いる．ギブスの自由エネルギーGは

$$G = H - TS \tag{3.8}$$

で表される．ここで，H, Sは絶対温度Tにおける**凝集エンタルピー**および**エントロピー**である．エンタルピーHは$H=E+pV$で表される．ここ

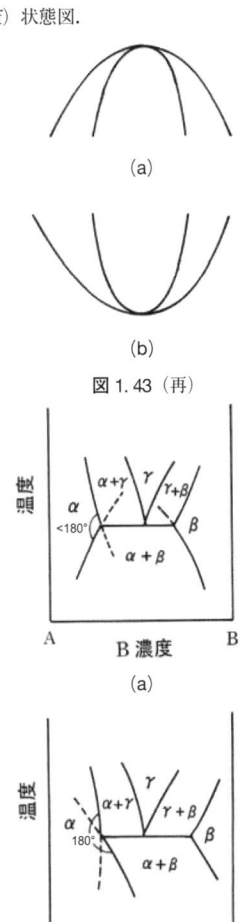

図1.43（再）

図1.44 (a) (b)（再）

で E は**内部エネルギー**，p は圧力，V は体積である．合金の状態図のように，一定圧力下での合金の固体，液体を取り扱っている場合には pV の項は無視できる．したがって，(3.8)式は $G \simeq E - TS$ と書けるが，慣例に従って，$G = H - TS$ と書くことにする．

まず，各単相の自由エネルギーについて考察しよう．簡単のために，固溶体としては置換型固溶体に限定し，侵入型固溶体については考察しない．

▶ a. 置換型固溶体の凝集エンタルピー

図3.9(a)に2元系の置換型固溶体の2次元的モデルを示す．規則的に格子点が配列しており，各格子点を A または B 原子が占有する．図3.9(b)に模式的に示すように，格子点に対応して窪みが存在し，その窪みに原子が落ち込んでいると考えることができる．窪みの深さが結合エネルギーで，窪みが深ければ深いほど結合エネルギーは大きい．

図3.9(c)に原子力間のポテンシャルエネルギーを原子間距離 (r) の関数として示す．ここで，$E_{ij}(i, j = A, B)$ が結合エネルギーである．2元系では，A 原子と B 原子が存在するから，結合対としては，A-A，B-B，A-B の3つが考えられる．

- A-A 対の結合エネルギー：E_{AA}
- B-B 対の結合エネルギー：E_{BB}
- A-B 対の結合エネルギー：E_{AB}

とする．これらの結合エネルギーの総和が凝集エンタルピーである．ここで，結合エネルギー $E_{ij} < 0$ であることに注意が必要である．この総和を求めるためには A-A，B-B，A-B 結合対の数を求める必要がある．

結合対の数は以下のようにして求めることができる．いま，A 原子の数を N_A 個，B 原子の数を N_B 個とする．

$$N_A + N_B = N \tag{3.9a}$$

ここで N は原子の総数．

A 原子，B 原子の原子分率 x_A，x_B は

$$x_A = \frac{N_A}{N} \tag{3.9b}$$

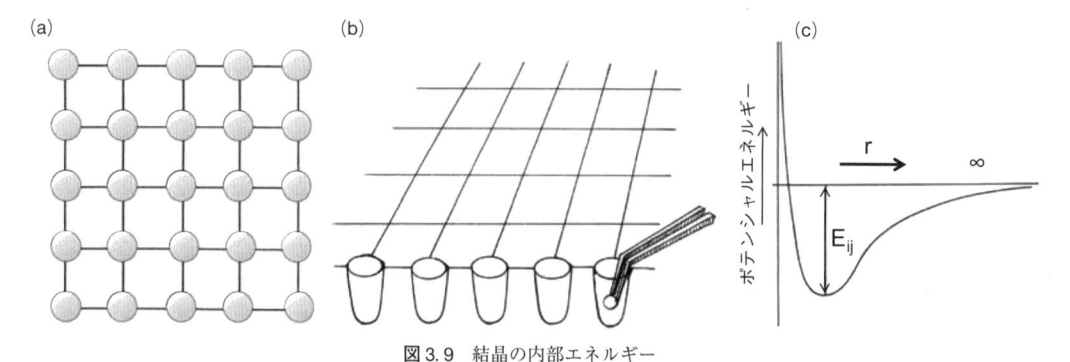

図3.9 結晶の内部エネルギー
(a) 結晶格子点，(b) 格子点におけるポテンシャルエネルギー，(c) 原子間ポテンシャルエネルギー．

$$x_B = \frac{N_B}{N} \tag{3.9c}$$

すなわち，

$$x_A + x_B = 1 \tag{3.10}$$

配位数（最近接原子の数，図 3.9 の場合は 4）を z とすると，1 個の A 原子の周りに存在する z 個の最近接原子の 1 個が A 原子である確率は $x_A = N_A/N$. したがって，1 個の A 原子の周りに A-A 対ができる確率は $z(N_A/N)$. 結晶全体には N_A 個の A 原子が存在するから，全体の A-A 対の数を [AA] とすると，

$$[AA] = z \times \frac{N_A}{N} \times N_A \times \frac{1}{2} = \frac{zN_A^{2}}{2N}{}^{*3)} \tag{3.11a}$$

*3) 1/2 がかかるのは同じ A-A 対を 2 回数えているからである．

同様に，

$$[BB] = \frac{zN_B^2}{2N} \tag{3.11b}$$

$$[AB] = \frac{1}{2}\left(\frac{zN_A}{N} \times N_B + \frac{zN_B}{N} \times N_A\right) = \frac{zN_A N_B}{N} \tag{3.11c}$$

絶対零度（0 K）における固溶体（α 固溶体）の凝集エンタルピー ${}^oH^\alpha$ は，

$$\begin{aligned}{}^oH^\alpha &= [AA]E_{AA} + [BB]E_{BB} + [AB]E_{AB} \\ &= \frac{zN}{2}\left[E_{AA}(1-x_B) + E_{BB}x_B + 2\left(E_{AB} - \frac{E_{AA}+E_{BB}}{2}\right)(1-x_B)x_B\right] \\ &= {}^oH_A^\alpha(1-x_B) + {}^oH_B^\alpha \cdot x_B + \Omega_{AB}{}^\alpha(1-x_B)x_B\end{aligned} \tag{3.12}$$

となる．ここで，

$$^oH_A^\alpha = \frac{NzE_{AA}}{2} \tag{3.13a}$$

$$^oH_B^\alpha = \frac{NzE_{BB}}{2} \tag{3.13b}$$

$$\Omega_{AB}{}^\alpha = Nz\left(E_{AB} - \frac{E_{AA}+E_{BB}}{2}\right) \tag{3.13c}$$

${}^oH_A^\alpha$ は純金属 A の凝集エンタルピー，${}^oH_B^\alpha$ は純金属 B の凝集エンタルピー，$\Omega_{AB}{}^\alpha$ を相互作用パラメータという．相互作用パラメータは以下の 3 つの場合が考えられる．

① $\Omega_{AB}{}^\alpha = 0$
② $\Omega_{AB}{}^\alpha > 0$
③ $\Omega_{AB}{}^\alpha < 0$

①の場合は理想溶体で，A，B の区別なく均質に混合する．

②の場合は A-B 対の結合エネルギーが A-A 対と B-B 対の結合エネルギーの平均値がより大であり，より結合エネルギーの小さい A-A 対と B-B 対が A-B 対より優先される．つまり，2 相分離する．

③の場合は②の場合と逆で，A-A 対と B-B 対の結合エネルギーの平均値が A-B 対の結合エネルギーよりも小さく，A-B 対が A-A 対，B-B 対よりも優先される．つまり，規則化する．

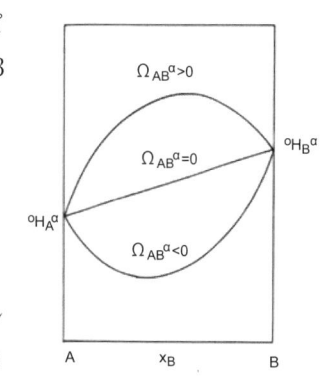

図 3.10 α 固溶体のエンタルピー

▶ b. 置換型固溶体の配置のエントロピー

エントロピーの概念は熱力学の中でも最も理解が難しいものである．エントロピーは最も**起こりやすい状態**（most probable state）を表す概念である．したがって，熱力学におけるエントロピー最大の法則とは「起こるべくして起きた（あるいは「起こるべきことが起きる」）」法則ともいえる．

図3.2において，25個の格子点にA原子，B原子を配置する場合について考えてみよう．具体的にはA, B 2種類からなる25個の原子を25個の格子点に配置する方法の数Wを考える．まず，$N_A=1$, $N_B=24$の場合，つまり，1個のA原子を25個の格子点に配置する方法の数は$W_1=25$である．次に2個目のA原子を配置する場合（つまり$N_A=2$, $N_B=23$の場合），すでに25個の格子点のうちの1つはA原子によって占有されているので，その数は24である．したがって，2個のA原子を25個の格子点に配置する方法の数は

$$W_2 = 25 \times 24/2$$

である．2で割るのは2個のA原子のうち，どちらが先に格子点を占めたかという順位争いで2通りあるからである．

A原子1	1位	2位
A原子2	2位	1位

3番目のA原子を配置する方法の数（つまり$N_A=3$, $N_B=22$の場合）

$$W_3 = 25 \times 24 \times 23/(3 \times 2)$$

である．分母の（3×2）は3個のA原子の順位争いが以下に示すように6通りあるからである．

A原子1	1位	1位	2位	3位	2位	3位
A原子2	2位	3位	1位	1位	3位	2位
A原子3	3位	2位	3位	2位	1位	1位

まず，3個のA原子のうちどれが1位になっても等価であるからにその方法の数は3である．その1つ1つの場合に残る2個のA原子が2位，3位になる方法の数は2個あるので，全体として3×2=6個の等価な方法が存在する．

問題 A原子が4個の場合（つまり$N_A=4$, $N_B=21$の場合）の配列の方法の数W_4は

$$W_4 = 25 \times 24 \times 23 \times 22/(4 \times 3 \times 2)$$

となることを示せ．

結局，N_A個のA原子とN_B個のB原子を配置する方法の数Wは

$$\begin{aligned} W &= \frac{N(N-1)(N-2)\cdots(N-N_A)}{N_A!} \\ &= \frac{N(N-1)(N-2)\cdots(N_B+1)}{N_A} \\ &= \frac{N!}{N_A! N_B!} \end{aligned} \quad (3.14)$$

ここで
$$N! = N(N-1)(N-2)(N-3)\cdots 1$$
である.

統計熱力学によれば,エントロピー $°S$ は
$$°S = k \cdot \ln W \tag{3.15}$$
で定義される.ここで k はボルツマン (Boltzmann) 定数 ($=$気体定数 (R)/アボガドロ数 (A) $=1.38 \times 10^{-23}$ J・K$^{-1}=8.62\times 10^{-5}$ eV・K^{-1}) である.(3.14) 式を代入すれば,
$$°S = k(\ln N! - \ln N_A! - \ln N_B!) \tag{3.15a}$$
N が非常に大きい場合には,Stirlingの公式
$$\ln N! = N \ln N - N$$
が適用できるので,結局,
$$\begin{aligned}°S &= k \cdot [N \ln N - N - N_A \ln N_A + N_A - N_B \ln N_B + N_B] \\ &= -Nk[x_B \ln x_B + (1-x_B) \ln(1-x_B)]\end{aligned} \tag{3.15b}$$
となる.1 mol に対しては,
$$°S_{AB}^\alpha = -R[x_B \ln x_B + (1-x_B) \ln(1-x_B)] \tag{3.16}$$

図 3.11 に示すように,$x_B=0.5$ において,エントロピーは最大となる.

▶ c. 置換型固溶体の自由エネルギー

すでに示したように T における自由エネルギー G は
$$G = H - TS \tag{3.8}$$
で表される.ここで,H, S は絶対温度 T におけるエンタルピーおよびエントロピーである.
$$\begin{aligned} H &= °H + \int_0^T C_p \, dT \\ S &= °S + \int_0^T \frac{C_p}{T} dT \end{aligned} \tag{3.17}$$

$°H$, $°S$ はそれぞれ絶対零度でのエンタルピーおよびエントロピー,C_p は定圧比熱である.したがって,有限温度 T における固溶体の自由エネルギー G^α は以下のように表される.
$$\begin{aligned}G^\alpha &= °H_A^\alpha(1-x_B) + °H_B^\alpha \cdot x_B + \Omega_{AB}^\alpha(1-x_B)x_B \\ &\quad + RT[x_B \ln x_B + (1-x_B)\ln(1-x_B)] + \int_0^T C_p^\alpha dT - T\int_0^T \frac{C_p^\alpha}{T} dT\end{aligned} \tag{3.18}$$

一般に C_p は x_B に対してほぼ直線的に変化するので,G^α の濃度依存性のみを問題にするときは無視できる.したがって,
$$\begin{aligned}G^\alpha &= °G_A^\alpha(1-x_B) + °G_B^\alpha \cdot x_B + \Omega_{AB}^\alpha(1-x_B)x_B \\ &\quad + RT[x_B \ln x_B + (1-x_B)\ln(1-x_B)]\end{aligned} \tag{3.19}$$
となる.ここで,G_A^α, G_B^α はそれぞれ絶対温度 T における A 金属,B 金属の自由エネルギーである.

・$\Omega_{AB}^\alpha = 0$
・$\Omega_{AB}^\alpha > 0$
・$\Omega_{AB}^\alpha < 0$

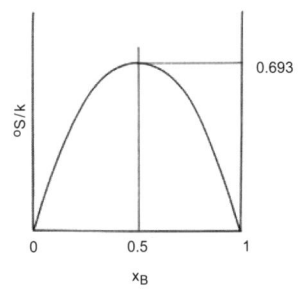

図 3.11 配置のエントロピー

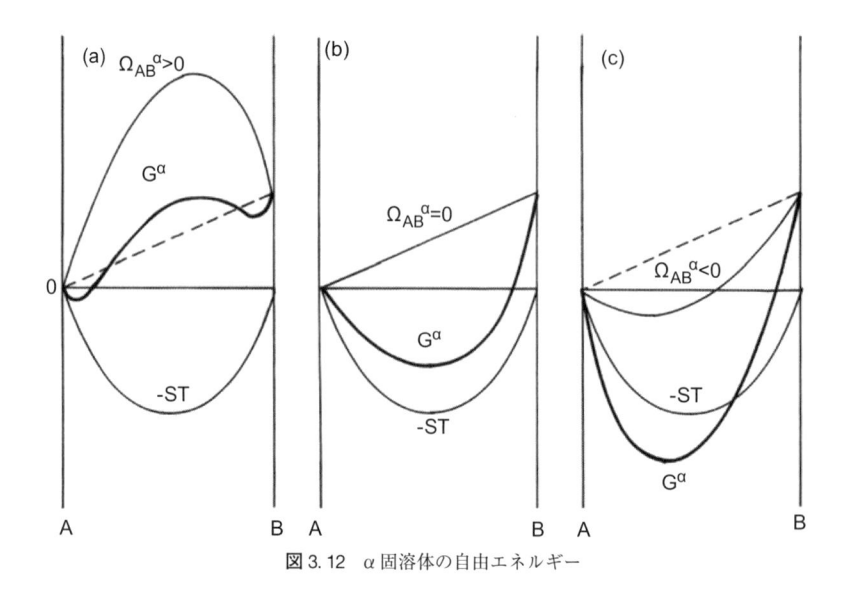

図3.12 α固溶体の自由エネルギー

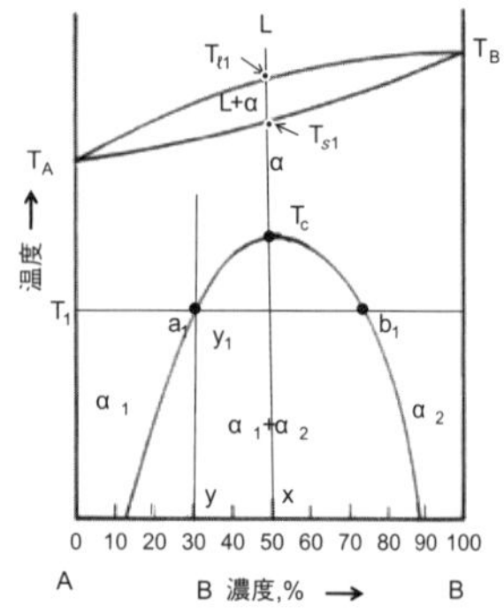

図1.38（再）

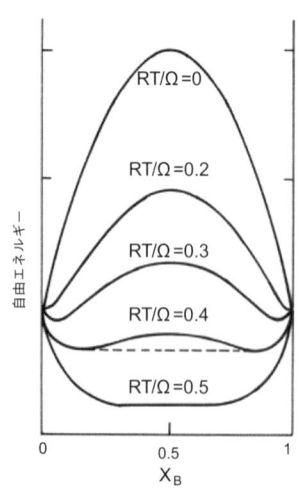

図3.13 2相分離をする系における自由エネルギー

に対して，G^α を描くと，図3.12に示すようになる．すなわち，$\Omega_{AB}^\alpha > 0$ の場合を除いて，固溶体の自由エネルギーは $x_B \simeq 0.5$ 付近で極小を示す．

ここで，$\Omega_{AB}^\alpha > 0$ の場合を少し詳しく考察してみよう．この場合は2相分離が起きる．図1.38にそのモデル的な状態図を示してある．(3.19)式で，簡単のために $G_A^\alpha = G_B^\alpha = G$ とおこう．すると，

$$G^\alpha = G + \Omega_{AB}^\alpha (1-x_B)x_B + RT[x_B \ln x_B + (1-x_B)\ln(1-x_B)] \quad (3.19')$$

ここで，RT/Ω をパラメータとして考えて，G を x_B の関数として示すと，図3.13のようになる．$RT/\Omega = 0.4$ の場合に典型的に破線でに示すように，2相分離となる．G を x_B で微分すると，

$$\frac{dG^\alpha}{dx_B} = \Omega_{AB}^\alpha - 2\Omega_{AB}^\alpha x_B + RT[\ln x_B - \ln(1-x_B)] \quad (3.20)$$

となる．

溶解限は2個の極小点に対応する．極小点の値は

$$\frac{dG^\alpha}{dx_B} = 0$$

$$\frac{dG^\alpha}{dx_B} = \Omega_{AB}^\alpha (1-2x_B) + RT[\ln x_B - \ln(1-x_B)] = 0$$

を解いて，求めることができる．解が2個得られるときは共役線の端部（図1.38における a_1, b_1）に対応する．臨界温度 T_c においては1個の解に収束する．

T_c を求めるために，極小点ではなく，変曲点に注目する．極小点の収束とともに変曲点も T_c においては収束するから，

$$\frac{d^2 G^\alpha}{dx_B^2} = 0$$

の解が1個になる点を求めればよい．すなわち，

$$\frac{d^2G^\alpha}{dx_B^2} = -2\Omega_{AB}^\alpha + RT\left[\frac{1}{x_B}+\frac{1}{1-x_B}\right]=0$$

を解くと，変曲点に対する解は

$$\frac{1}{x_B}-\frac{1}{1-x_B}=\frac{2\Omega}{RT}$$

$RT/\Omega=\mathrm{A}$ とおくと

$$\frac{1}{x_B}-\frac{1}{1-x_B}=\frac{1}{\mathrm{A}}$$

変形すると

$$x_B^2-x_B+\mathrm{A}=0$$

T_c においてはこの2次方程式の解が1個のはずであるから，判別式

$$1-4\mathrm{A}=0$$

より

$$\frac{RT_c}{\Omega}=\mathrm{A}=\frac{1}{4}$$

すなわち，

$$T_c=\frac{\Omega}{2R}$$

となる．

3.1.4 ● 液相の自由エネルギー

液体と固体の密度に大差がないことから，液体中での原子の配置も短範囲には，結晶に準じて考えることができる．これを**液相の準結晶モデル**という．つまり固溶体の自由エネルギーを若干修正すればよい．

▶ a. 液相の凝集エネルギー

融解の潜熱だけ高いと仮定する．

$$\begin{aligned}{}^oH_A^L={}^oH_A^\alpha+L_A\\{}^oH_B^L={}^oH_B^\alpha+L_B\end{aligned} \quad (3.21)$$

ここで，L_A, L_B は A 金属および B 金属の融解の潜熱である．

▶ b. 液相のエントロピー

融解の潜熱に対応する分だけ高いと仮定する．

$$\int_0^T\frac{C_p^L}{T}dT=\int_0^T\frac{C_p^\alpha}{T}dT+\frac{L}{T_m} \quad (3.22)$$

T_m は融点（絶対温度）．ここで Richards の関係 $L\fallingdotseq RT_m$ を用いると，(3.21) 式および (3.22) 式はそれぞれ

$$\begin{aligned}{}^oH_A^L={}^oH_A^\alpha+RT_A\\{}^oH_B^L={}^oH_B^\alpha+RT_B\\\int_0^T\frac{C_p^L}{T}dT\cong\int_0^T\frac{C_p^\alpha}{T}dT+R\end{aligned} \quad (3.23)$$

(3.18) 式との類似から，

$$\begin{aligned}G^L=&({}^oH_A^\alpha+RT_A)(1-x_B)+({}^oH_B^\alpha+RT_B)x_B+\Omega_{AB}^L(1-x_B)x_B\\&+RT[x_B\ln x_B+(1-x_B)\ln(1-x_B)]+\int_0^T C_p^\alpha dT-T\int_0^T\frac{C_p^\alpha}{T}dT-RT\end{aligned}$$

$$(3.24)$$

となる．前と同様に，

$$G^L = ({}^0G_A^\alpha + RT_A)(1-x_B) + ({}^0G_B^\alpha + RT_B)x_B + \Omega_{AB}^L(1-x_B)x_B \\ + RT[x_B \ln x_B + (1-x_B)\ln(1-x_B)] - RT \quad (3.25)$$

ここで，Ω_{AB}^L は液相の相互作用パラメータ．(3.24)，(3.25) 式より

重要
- G_A^α, G_B^α, T_A, T_B：既知
- Ω_{AB}^α, Ω_{AB}^L：重要

の 6 個の値がわかれば，各温度における固相，液相の自由エネルギーを濃度 x_B の関数として求めることができる．

▶ c. **基本的な 2 元状態図の熱力学による導出**

簡単のために $G_A^\alpha, G_B^\alpha = 0$ とおくと，(3.24) 式，(3.25) 式は $x_B = c$ として

$$G^\alpha(c) = \Omega_{AB}^\alpha(1-c)c + RT[c \ln c + (1-c)\ln(1-c)] \quad (3.24')$$

$$G^L(c) = RT_A(1-c) + RT_Bc + \Omega_{AB}^L(1-c)c - RT + RT[c \ln c + (1-c)\ln(1-c)] \quad (3.25')$$

となる．

*4) 1 cal ≒ 4.2 joule

問題 $T_A = 900$, $T_B = 1300$, $\Omega^L = 0$, $\Omega^\alpha = -2000\,\text{cal/mol}^{*4)}$ の 2 元系に対して状態図を作成せよ．

【ヒント】上に凸の液相線，固相線を有する全率固溶体になる．

問題 $T_A = 900$, $T_B = 1300$, $\Omega^L = 2000\,\text{cal/mol}$, $\Omega^\alpha = 6000\,\text{cal/mol}$ の 2 元系に対して状態図を作成せよ．

【ヒント】共晶系になる．

3.2 核形成の熱力学

3.2.1 ● スピノーダル分解

図 3.13 における 2 相分離の様相を今少し詳しく見てみよう．すでに述べたようにこの自由エネルギー／組成曲線においては，T_c 以下では極小

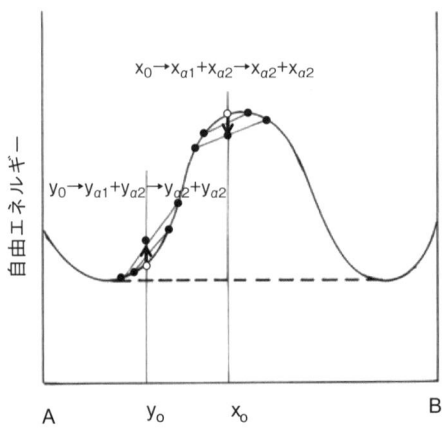

図 3.14 スピノーダル分解（x_0）とバイノーダル分解（y_0）の自由エネルギーの変化

値と変曲点が存在する（図3.14）．極小値は図2.17の溶解限 a_1, b_1 に対応する（共通接線の法則）．変曲点の存在は重要な意味をもつ．

図2.17において，T_c 以上の温度から急冷焼き入れして温度 T_1 で時効する場合を考えてみよう．α固溶体は過冷却され，時効に伴い，

$$\alpha \rightarrow (\alpha_1)_{a_1} + (\alpha_2)_{b_1}$$

と2相に分解する．

しかし，析出のごく初期においてはいきなり平衡組成 a_1, b_1 の組成の α_1, α_2 が析出するとは考えがたい．むしろ過冷却された元の組成に近い組成に分解するであろう．この際，変曲点の内部と外部では決定的な違いが生じる．

変曲点内部（たとえば x_1）では，

$$x_0 \rightarrow x_{\alpha_1} + x_{\alpha_2} \rightarrow x_{\alpha_2} + x_{\alpha_2}$$

と反応が進むであろう．この際の生成物（$\alpha_1+\alpha_2$ 混合物）の自由エネルギーは元の x_0 から単調に減少する．つまり分解は自発的に起こり，潜伏期間は現れない（図2.14）．

これに対して，変曲点外側（たとえば y_1）では

$$y_0 \rightarrow y_{\alpha_1} + y_{\alpha_2} \rightarrow y_{\alpha_2} + y_{\alpha_2}$$

と反応が進むが，この際の生成物（$\alpha_1+\alpha_2$ 混合物）の自由エネルギーは元の y_0 よりも増加する．つまりいったんエネルギーが増加して，このエネルギーの山を乗り越えないと反応は進行しない（図3.14 (b)）．そのために，析出の潜伏期間が現れる（図2.14）．

変曲点内部の分解反応を**スピノーダル分解**といい，変曲点外部の分解反応を**バイモーダル分解**という（図2.17）．

3.2.2 ● 均質核形成

核形成における潜伏期間のもう1つの原因は，相変態に伴う界面の形成である．界面は母相よりも高いエネルギーをもつ．このエネルギーを界面エネルギーといい，単位面積あたりのエネルギーで表す（erg/cm² または mJ/m²[*5] など）．

液体からの固体への変態（凝固）を例にとって説明しよう．今，半径 r の球形の固体粒子が液相中に形成されたとしよう．この粒子を**エンブリオ**とよぶ．エンブリオの体積は $(4/3)\pi r^3$ であるから，変態に伴う自由エネルギーの単位体積あたりの変化を ΔG_v とすると，$(4/3)\pi r^3 \Delta G_v$ のエネルギー変化（利得）を得る（図3.15 (b)）．その一方で，あらたに $4\pi r^2$ の固体-液体の界面（固液界面）が形成される．単位体積当たりの界面エネルギーを γ とすると，$4\pi r^2 \gamma$ だけエネルギーが増加する．

正味の自由エネルギーの変化 ΔG は

$$\Delta G = \frac{4}{3}\pi r^3 \Delta G_v + 4\pi r^2 \gamma \tag{3.26}$$

となる．第1項は負で，第2項は正である．その結果，ΔG はある臨界半径の値 r^* で極大値（ΔG^*）を示す（図3.15 (a)）．r^* および ΔG^* は

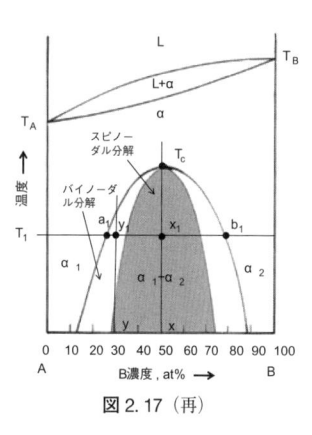

[*5] mJ/m² ＝（ミリ・ジュール／メートル二乗）

図2.17（再）

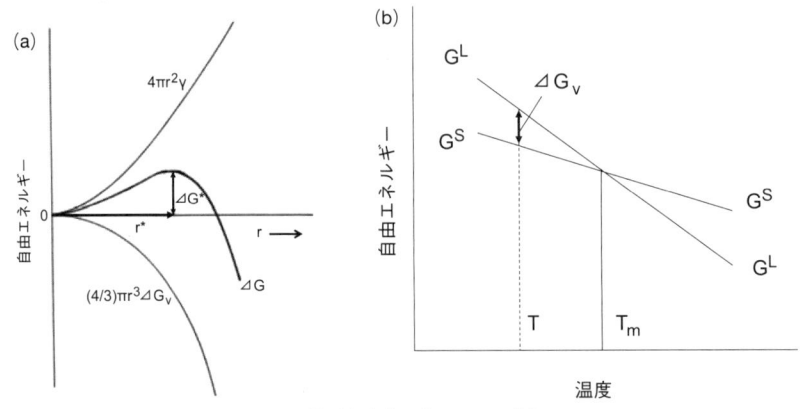

図3.15 核形成自由エネルギーの変化

(3.26) 式で ΔG を r で微分し，

$$\frac{d\Delta G}{dr}=4\pi r^2 \Delta G_v+8\pi r\gamma=0$$

より求めることができる．

$$r^*=-\frac{2\gamma}{\Delta G_v} \tag{3.27}$$

$$\Delta G^*=\frac{16\pi\gamma^3}{3\Delta G_v^2} \tag{3.28}$$

図 3.15 (a) の意味するところは，エンブリオの半径が**臨界半径** r^* より小さい場合には，ΔG^* の障壁を超えることができずに消滅してしまう．臨界半径 r^* を首尾よく超えることができたエンブリオのみがさらに成長することができる．このようなエンブリオを**臨界核**という．また，ΔG^* を**臨界核形成エネルギー**という．

臨界半径は ΔG_v に反比例する (3.27)．そこで，ΔG_v について考察してみよう．液相と固相の自由エネルギーを温度の関数として描くと図 3.15 (b) のようになるであろう．ΔG_v は融点 T_m 温度以下のある温度 T における液相と固相の自由エネルギーの差である．すなわち，

$$\begin{aligned}\Delta G_v&=G^s-G^L=(H^s-H^l)-T(S^s-S^l)\\ \Delta T&=T_m-T\end{aligned} \tag{3.29}$$

ここで，$\Delta T=T_m-T$ で，**過冷却度**である．融点 T_m においては

$$G^s=G^L$$

であるから，

$$\Delta G_v=G^s-G^L=(H^s-H^l)-T_m(S^s-S^l)=0$$

$$\therefore S^s-S^l=\frac{\Delta H}{T_m} \tag{3.30}$$

これを (3.29) に代入すると，

$$\Delta G_v=\Delta H-\frac{T\cdot\Delta H}{T_m} \tag{3.31}$$

したがって，(3.27) 式は

$$r^*=-\frac{2\gamma T_m}{\Delta H\cdot\Delta T} \tag{3.32}$$

$$\varDelta G^* = \frac{16\pi\gamma^3}{3\varDelta G_v^2} = \frac{16\pi\gamma^3 T_m^2}{3\varDelta H^2 \varDelta T^2} \qquad (3.33)$$

となる．

(3.32)(3.33)式より，過冷却度（$\varDelta T$）が大きいほど，臨界核（r^*）は小さくその臨界形成エネルギー（$\varDelta G^*$）も小さい．

3.2.3 ● 不均質核形成

実際の凝固は均質核形成よりもはるかに小さい過冷却で起きる．これは液体中の介在物やルツボの表面で優先的に核が形成されるためである．

いま図3.16に示すように，介在物またはルツボの表面に固体が形成されたとしよう．この時のエネルギー変化は

$$\varDelta G = V_s \cdot (G^s - G^L) + [S_{sm}(\gamma_{sm} - \gamma_{lm}) + \gamma_{sl} \cdot S_{sl}] \qquad (3.34)$$

で表される．ここで，V_s は固体の核の体積，S_{sm} は固体と下地の間の界面の面積，S_{sl} は固体と液体の界面の面積である．第1項，第2項はそれぞれ (3.26) 式の第1項，第2項に対応する．また $\gamma_{sm}, \gamma_{lm}, \gamma_{sl}$ はそれぞれ固体-下地，液体-下地，固体-液体の界面エネルギー（単位体積当たり）である（l, m, s はそれぞれ液体 (liquid)，下地 (matrix)，固体 (solid) を表す）．

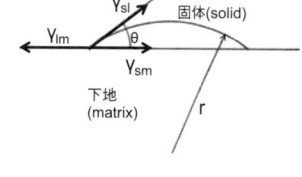

図3.16 ヤングの関係

問題 (3.34) 式を導出せよ．

ここで $\gamma_{sm}, \gamma_{lm}, \gamma_{sl}$ の間には力のつりあいから

$$\gamma_{lm} = \gamma_{sm} + \gamma_{sl} \cos\theta \qquad (3.35)$$

の関係が成り立つ．(3.35) 式をヤングの関係といい，θ を接触角，あるいは濡れ角と呼ぶ．この関係を考慮して，前節と同様の取り扱いをすると，

$$\varDelta G^* = \frac{4\pi\gamma^3 T_m^2}{3\varDelta H^2 \varDelta T^2}(2+\cos\theta)(1-\cos\theta)^2 \qquad (3.36)$$

が得られる．

問題 (3.36) 式を導出せよ．

【ヒント】図3.17に示すように，中心から a の位置で一部を切り落とした球の体積（V_a）および表面積（S_a）は次の式で与えられる．

$$V_a = \pi\left(\frac{2}{3}r^3 - r^2 a + \frac{a^3}{3}\right)$$
$$S_a = 2\pi r(r-a)$$

(3.36) 式より不均質核形成における臨界核の形成エネルギーは均質核形成の値（(3.33) 式）に

$$\frac{(2+\cos\theta)(1-\cos\theta)^2}{4}$$

をかけたものに等しい．常に，$1 \geq \cos\theta \geq 0$ が成り立つので，不均質核形成の $\varDelta G^*$ は均質核形成よりも小さく，不均質核形成のほうがはるか

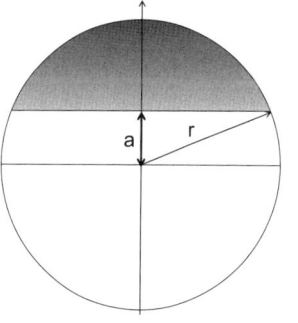

図3.17 中間相の自由エネルギー／組成曲線

に起こりやすい．

問題 $\theta=0°$ のときには
$$\frac{(2+\cos\theta)(1-\cos\theta)^2}{4}=0$$
$\theta=180°$ では，
$$\frac{(2+\cos\theta)(1-\cos\theta)^2}{4}=1$$
となることを示し，それぞれに対して図 3.16 に相当する図を描き，物理的意味を考察せよ．

3.2.4 ● 遷移相の析出

2.1.3 項において，析出のシーケンスが存在し，GP ゾーンや準安定析出相が平衡相が形成される前に形成されることがあることを示した．これは以下のように説明できる．図 3.18 において，組成 c の α 相（α_c と記述する）が分解して α_3 と β に分解する過程

$$\alpha_c \rightarrow \alpha_3 + \beta$$

を考えよう．ここで図 3.18 に示すように β 相より α 相に組成が近い非平衡の相 β_1, β_2 が存在するとしよう．

$$\alpha_c \rightarrow \alpha_3 + \beta$$

の分解による自由エネルギーの利得は $c_0 c_3$ である．しかし，そのためには c の組成から遠く離れた a_3, b_3 へ分解しなければならない．

一方，準安定相として β_1 が析出した場合には，自由エネルギーの利得は $c_0 c_1$ にすぎないが，組成の変化は a_1, b_1 と小さくて済む．また，β_1 が GP ゾーンのように母相との整合性がよい場合には，析出に伴い形成される界面エネルギーも小さい．したがって，まず β_1 が準安定相（GP ゾーン）として析出し，次いで β_2 相が中間相として析出することが起こりうる．これが準安定相の形成の熱力学的な解釈である．

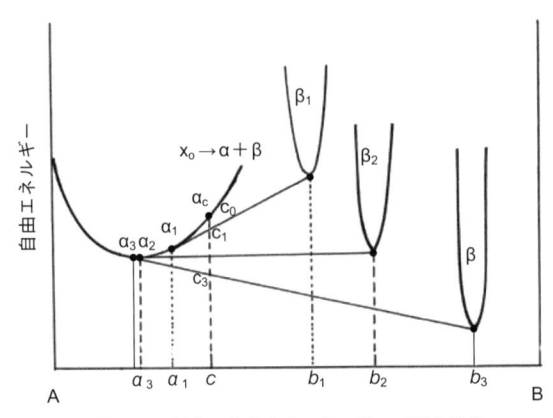

図 3.18 析出に伴う自由エネルギー／組成曲線

3.2.5 ● マルテンサイト変態

マルテンサイト変態の最大の特徴は無拡散変態であることである．すなわち，変態中の組成が変化しない．Fe-Ni 2元系におけるマルテンサイト変態を用いて説明しよう（図3.19）．組成 c の合金が γ 相内から α 相内へと急冷されるとき，途中の温度 T_1, T_2, T_3 における自由エネルギー曲線を図3.19に示す．T_1 では $(\gamma)_c$ のエネルギーは $(\alpha)_c$ よりも低い．したがって，マルテンサイト変態はまだ起きない．T_2 では $(\gamma)_c = (\alpha)_c$ となり，熱力学的なマルテンサイト変態温度（図2.28の T_0 に対応）である．しかし，マルテンサイト変態に伴う界面の形成などで実際にはマルテンサイト変態はまだ起きないであろう．外部から応力を加えてマルテンサイト変態を誘起させることができ，この応力誘起マルテンサイトを起こしうる温度の上限を T_d というが，T_d が T_0 を超えることはない．

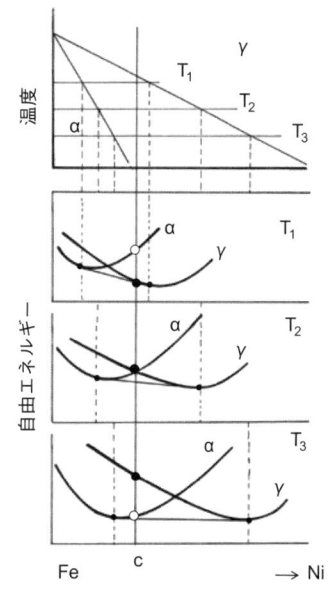

図3.19 マルテンサイト変態の自由エネルギー／組成曲線

4章 3元系状態図

4.1 3元系状態図の基礎

　実用材料では，多数の合金元素を添加した多元系の合金が使用される．たとえば，3元系合金にはステンレス鋼（Fe-Cr-Ni 合金）など重要な合金が含まれている．3元系状態図は2元系状態図よりもはるかに複雑であるが，ここでは，その基本について述べる．

4.1.1 ● 表示法——ギブスの三角形

　3元合金が成分 A，B，C から構成されているとする．その化学組成を表すためには，A，B，C を頂点とする正三角形（**ギブスの三角形**）内の三角座標で表示する（図4.1）．この正三角形の3辺はそれぞれ A-B，B-C，C-A の2元系合金の状態図に対応する．三角形の高さを h とし，三角形内の1点 X から，BC，CA，AB の各辺に下ろした垂線の足をそれぞれ p, q, r とすると，p は A，q は B，r は C の濃度に対応し，
$$p+q+r=h=100\%$$
となる．

問題　$p+q+r=h$ を証明せよ．

　また，図4.2において，頂点 C を通って，辺 AB の任意の点 r を結ぶ線上での点 o，p，q の組成は

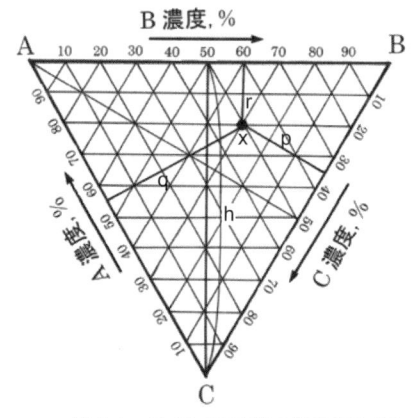

図4.1 ギブスの三角形の濃度表示（1）

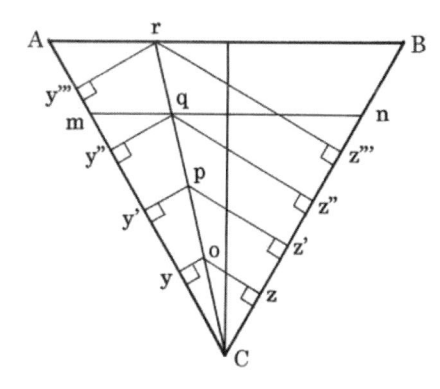

図4.2 ギブスの三角形の濃度表示（2）
mn は％ C の濃度が一定の場合であり，Cr は％ B：％ C＝一定の場合を表す．

$$\frac{\text{oy}}{\text{oC}} = \frac{\text{py}'}{\text{pC}} = \frac{\text{qy}''}{\text{qC}} = \frac{\text{ry}'''}{\text{rC}}$$

$$\frac{\text{oz}}{\text{oC}} = \frac{\text{pz}'}{\text{pC}} = \frac{\text{qz}''}{\text{qC}} = \frac{\text{qz}'''}{\text{rC}}$$

$$\therefore \frac{\text{oy}}{\text{oz}} = \frac{\text{py}'}{\text{pz}'} = \frac{\text{qy}''}{\text{qz}''} = \frac{\text{ry}'''}{\text{rz}'''} = \frac{\text{Ar}}{\text{rB}}$$

となり，%B：%C^{*1)} の比率は一定である．

*1) %B，%C はそれぞれ B および C の濃度を表すことにする．

一方，辺 AB に平行な直線 mn 上の点は C が一定の組成を有しており（%C＝一定），mn 線上を移動するにつれて，%A：%B の比率が変化する．

4.1.2 ● 共役線と天秤の法則

▶ **a. 共役線（tie line）**

1つの3元系に属して組成の異なる2つの合金 a, b を $m : n$ で混合して得られる合金の組成は，元の2つの合金の組成を結ぶ線上 c にある（図4.3）．c 点は天秤の法則

$$m : n = \overline{\text{bc}} : \overline{\text{ac}}$$

より求められる．

問題 図4.3において，組成 c が天秤の法則で与えられることを証明せよ．

▶ **b. 共役三角形（tie triangle）**

1つの3元系に属して組成の異なる3つの合金を混合して得られる合金の組成は，元の3つの合金組成を結んでできる三角形の内部に存在する（図4.4 (a)）．

いま，合金 L, R, S を混合して組成 P の合金を作製したとしよう（図4.4 (a)）．その場合，S, R, L の量[%S], [%R], [%L]の比は[%S]：[%R]：[%L]＝ △PRL：△SPL：△SRP となる．

証明 図4.4 (b) において，合金 P を合金 S と O から作製する．この場合，4.1.2a 項で述べた天秤の法則より，

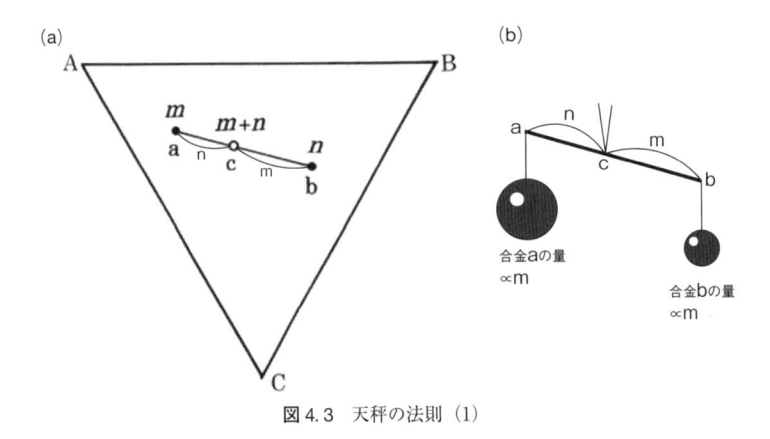

図4.3 天秤の法則 (1)

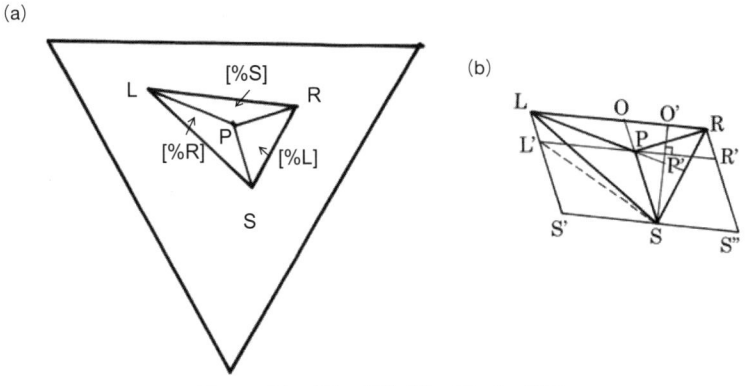

図 4.4 (a) 天秤の法則 (2), (b) その証明

$$[\%S] = \frac{PO}{OS} \times 100$$

$$[\%O] = \frac{SP}{OS} \times 100$$

となる．次に合金 O を合金 L と R から作製すると，

$$[\%R] = \frac{OL}{RL} \times [\%O] = \frac{OL}{RL} \frac{SP}{OS} \times 100$$

$$[\%L] = \frac{RO}{RL} \times [\%O] = \frac{RO}{RL} \frac{SP}{OS} \times 100$$

となる．結局，

$[\%S] : [\%R] : [\%L]$

$= \dfrac{PO}{OS} : \dfrac{OL}{RL}\dfrac{SP}{OS} : \dfrac{RO}{RL}\dfrac{SP}{OS} = PO : \dfrac{OL \cdot SP}{RL} : \dfrac{RO \cdot SP}{RL}$

$= PO \cdot RL : OL \cdot SP : RO \cdot SP$

$= (P'O' \times RL) : (OL \times SP') : (RO \times SP') = \triangle PRL : \triangle SPL' : \triangle SR'P$

$= \triangle PRL : \triangle SPL : \triangle SRP$

となる．

▶ c. 共役四角形 (tie square)

1つの3元系に属して組成の異なる4つの合金を混合して得られる合金の組成は元の4つの合金組成を結んでできる4角形の内部に存在する（図4.5）．組成 R の合金を合金 V_1, V_2, V_3, V_4 を混合して作るためには，その量の比は次式で与えられる．

$[\%V_1] : [\%V_2] : [\%V_3] : [\%V_4]$
$= \triangle V_2V_3V_4 : \triangle V_1V_3V_4 : \triangle V_1V_2V_4 : \triangle V_1V_2V_3$

4.1.3 ● 3元系と相律

3元系の場合の自由度は次式で与えられる（式1.7）．

$$f = c + 1 - p = 4 - p \quad (\because c = 3)$$

ゆえに，4相共存のとき不変系となる．

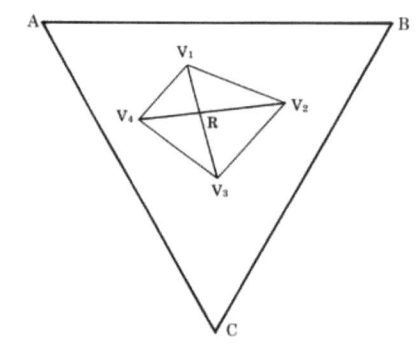

図 4.5 天秤の法則 (3)

表 4.1

相の数(p)	4相	3相	2相	1相
自由度(f)	0	1	2	3

4.1.4 ● 空間図形，切断状態図

▶ a. 空間図形

三角座標で組成を表示するため，温度は三角座標に垂直な座標で表示する．つまり3元系の状態図は正三角柱という空間図形で表示される．

最も単純な全率固溶合金の3元状態図の空間図形を図 4.6 (a) に示す．2元系全率固溶合金の液相線と固相線に対応して，液相面と固相面のみが存在する．図 4.6 (b) は液相面の等高線 (contor) を投影したものである．本書では，液相面や固相面の一部のみ色づけされて印刷されているが，読者諸氏は液相面や固相面に色付けすることを強く推奨する．

▶ b. 切断状態図

空間図形は一見わかりやすいが，複雑な状態図を空間図形で表示するのは難しい．そこで，空間図形を切断してその断面を求めることが必要となる．そのような断面を**切断状態図** (sectional diagram) という．切断の方

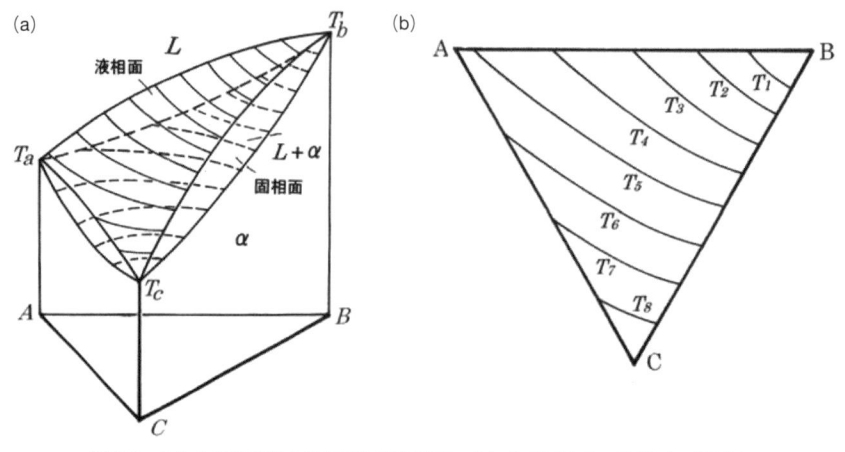

図 4.6 (a) 全率固溶体の液相面と固相面図，(b) 全率固溶体の液相面の投影図
各温度 (T_1〜T_8) における等高線で示す．

法としては一定の温度で水平に切断する**等温（恒温）切断状態図**（isothermal sectional diagram：isotherm）と垂直に切断する**垂直切断状態図**（vertical sectional diagram）がある．

全率固溶合金3元状態図の場合の等温（恒温）切断の例を図4.7（a）に示す．温度 T_1 においては，等温（恒温）面と液相面との交線である液相線 $\ell_1\ell_2$ と固相面との交線である固相線 s_1s_2 が断面に現れる[*2]（図4.7（b），（c））．図4.7（b），（c）の（$L+\alpha$）2相領域内での直線は液相（L）と固相（α）間の共役線である．この共役線は実験的に決定すべきもので，目の子で引くものではない．

垂直切断の例を図4.8（a），（b）に示す．切断面として xB および xy を考えてみよう．まず xB に沿う断面について考察してみよう（図4.8（a））．AC 2元系において x を通って垂線を引くと固相線との交点 x_s と液相線との交点 x_ℓ を決定することができる．B は純金属なので，液相線と固相線は T_b で一致する．垂直切断状態図において，x_ℓ, x_s, T_b を結ぶと図4.8（c）のような垂直切断状態図が得られる．

次に xy を通る垂直切断図に移ろう（図4.8（b））．AB 2元系において y を通る垂線を引くと，y_ℓ と y_s が求まる．x を通る垂線上での x_ℓ と x_s

[*2] ここでも液相線と固相線をそれぞれ赤色と青色で色付けされたい．

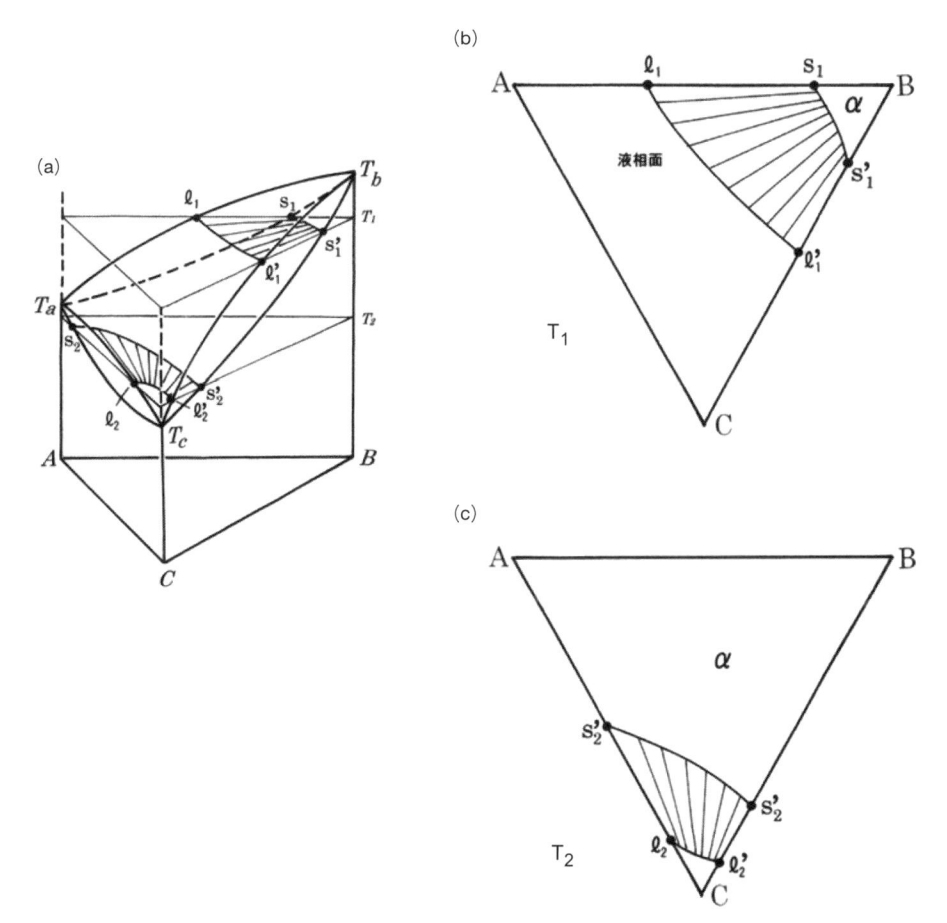

図4.7 （a）全率固溶体の T_1 および T_2 における等温切断面，（b），（c）全率固溶体の T_1 および T_2 における等温切断面

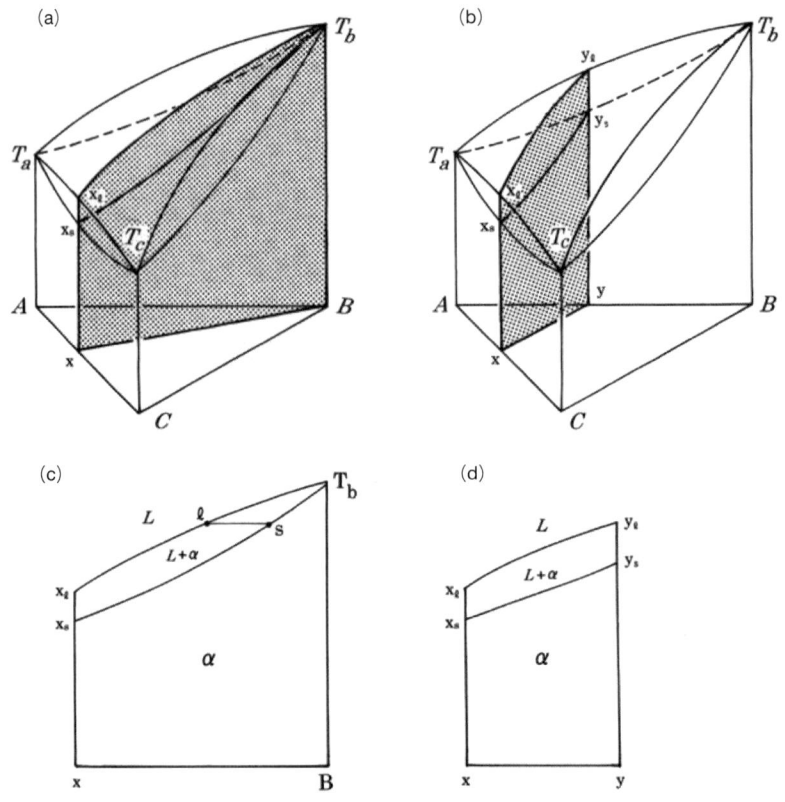

図 4.8 (a) 全率固溶体の垂直切断面 (1), (b) 全率固溶体の垂直切断面 (2), (c), (d) 全率固溶体の垂直切断状態図

(c) は (a) に対応. (d) は (b) に対応.

を結ぶと図 4.8 (d) のような垂直切断状態図が得られる．垂直切断状態図は高温から低温までにわたって全体を俯瞰するのに便利である．しかし，たとえば，($L+\alpha$) の 2 相領域で水平に引いた線 ℓs は共役線ではない．共役線はあくまでも等温（恒温）状態図（図 4.7 (b), (c)）で引かなければならない．

4.2 比較的単純な３元系

4.2.1 ●３元全率固溶体合金の凝固

組成 X の合金を液相から冷却して固体に凝固する過程を考察してみよう．図 4.9 は空間状態図で図 4.10 (a)〜(d) は T_1〜T_4 の各温度における等温（恒温）切断状態図である．この空間状態図において，組成 X の液相は温度 T_1 において液相面と ℓ_1 で接触する．そのときに晶出する α 固溶体の組成は α_1 である．$\ell_1\alpha_1$ が温度 T_1 における組成 X を通過する共役線である（図 4.10 (a)）．温度 T_2, T_3 での共役線はそれぞれ $\alpha_2\ell_2, \alpha_3\ell_3$ である．温度 T_4 に達すると組成 X の液相は固相面に到達し，共役線 $\ell_4\alpha_4$ の α_4 は固相線上に乗り，凝固は完了する．凝固区間中での α 固溶体と液相の組成は図 4.10 (e) の $\alpha_1 \to \alpha_2 \to \alpha_3 \to \alpha_4$ および $\ell_1 \to \ell_2 \to \ell_3 \to \ell_4$ で示す軌跡をたどる．

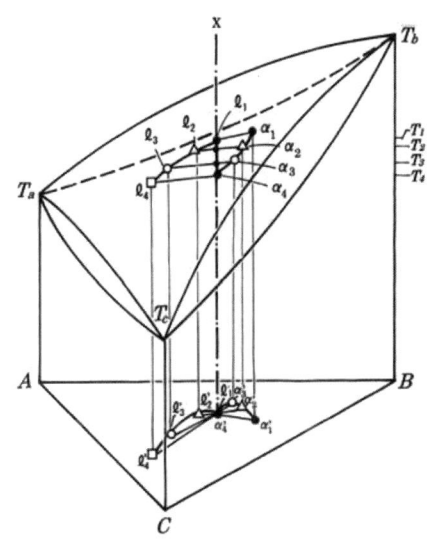

図 4.9　全率固溶体の凝固過程
凝固は T_1 で開始し，T_4 で終了する．

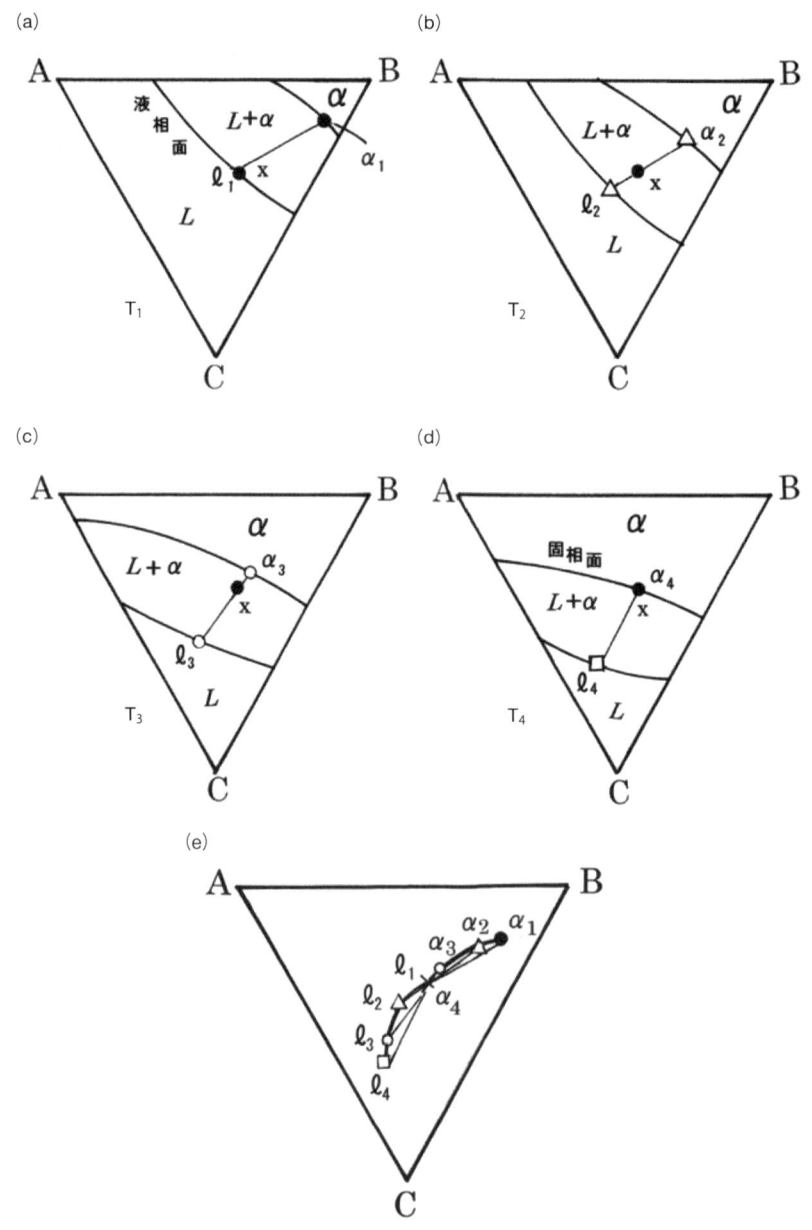

図 4.10 全率固溶体の凝固過程

凝固は T_1 で開始し，T_4 で終了する．(e) は全率固溶体の凝固過程中の共役線の投影．たとえば，$\alpha_1 \ell_1$ は T_1 における共役線．

4.2.2 ● 共晶型

図4.11(a)～(c)に共晶型の3元状態図を示す．(a)，(b)は立体的な鳥瞰図である．(c)は(a)，(b)の鳥瞰図を展開して，さらに上から見た相境界を投影した展開状態図である．AB2元系，BC2元系はともに共晶反応を示すが，CA2元系は全率固溶体である．図4.11(a)で，影を施した部分はAB2元系を，図4.11(b)ではCB2元系の状態図を表している．AB2元系の共晶点からCB2元系の共晶点まで低下している様子を2重の矢印で示した．またABの共晶温度T_e^{AB}はBCの共晶温度T_e^{BC}よりも高く，3元系においても共晶温度はAB2元系からBC2元系へと単調に低下するとする（図4.11(c)）．

ここでのポイントは，$(L+\alpha+\beta)$の3相領域は2元系においては自由度$f=0$の不変系あるが，3元系では不変系ではないということである．すなわち，3相三角形内においては，$(L+\alpha+\beta)$ 3相三角形は厚みを有しており，上に凸である（図4.12）．つまり，$(L+\alpha+\beta)$ 3相三角形は屋根

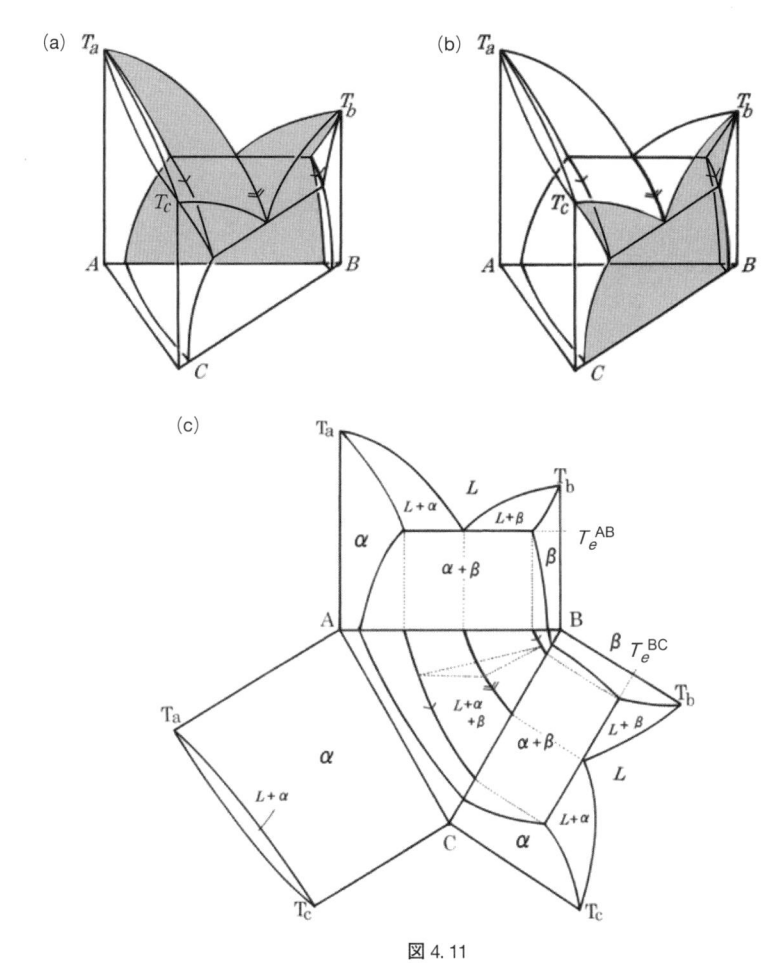

図4.11
(a) 共晶型．ハッチングはAB2元系の共晶反応を示す．
(b) 共晶型．ハッチングはCB2元系の共晶反応を示す．共晶温度はAB2元系のほうがCB2元系より高い．
(c) 共晶型の展開状態図．

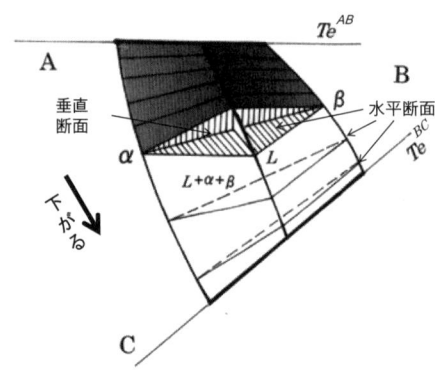

図 4.12 共晶型の $(L+\alpha+\beta)$ 3相三角形
T_e^{AB} は AB 2元系の共晶温度, T_e^{BC} は AB 2元系の共晶温度. $T_e^{AB} > T_e^{BC}$.

表 4.2

	AC 2元系側			B 側
第1層	T_a-T_e^{AB}-T_e^{BC}-T_c 液相面（赤色）			T_e^{AB}-T_e^{BC}-T_b，液相面（赤色）
第2層	T_a-s_α^{AB}-s_α^{BC}-T_c 固相面（紺色）	$(L+\alpha+\beta)$，3相三角形（上に凸）の屋根（黄色）	$(L+\alpha+\beta)$，3相三角形（上に凸）の屋根（黄色）	T_b-s_β^{BC}-s_β^{AB} 固相面（紺色）
第3層	α 相の solvus（紫色）	$(L+\alpha+\beta)$，3相三角形の下側の広い面（橙色）		β 相の solvus（紫色）

型の2つの面と下の広い面の3つの面から構成されている．

これから，図 4.11 (a)，(b) に示す3元系状態図内の相境界の曲面を上（高温側）から分解していこう．最初に現れるのが液相面である（図 4.13 (a)，4.14 (a)）．液相面は T_e^{AB}-T_e^{BC}-T_b の面と T_a-T_e^{AB}-T_e^{BC}-T_c の2つの曲面から構成されている．次に現れるのは固相面（T_a-s_α^{AB}-s_α^{BC}-T_c と T_b-s_β^{BC}-s_β^{AB}）および $(L+\alpha+\beta)$ の3相三角形の屋根に相当する面（s_β^{AB}-e^{AB}-e^{AC}-s_β^{BC} と e^{AB}-s_β^{AB}-s_β^{BC}-e^{BC}）である（図 4.13 (b)，4.14 (b)）．

最後に現れるのは，$(L+\alpha+\beta)$ の3相三角形の下側の広い面（s_α^{AB}-s_β^{AB}-s_β^{BC}-s_α^{BC}）および $\alpha+\beta$ と α，β 単相領域を分ける2個の solvus 面（s_α^{AB}-$°s_\alpha^{AB}$-s_α^{BC}-$°s_\alpha^{BC}$）と s_β^{AB}-$°s_\beta^{AB}$-s_β^{BC}-$°s_\beta^{BC}$）である（図 4.13 (c)，4.14 (c)）．

これを要約すると表 4.2 のようになる（各層の識別を容易にするために，色付けすることを勧める．括弧内の色はその一例である．図 4.13，4.14 では3相三角形 $(L+\alpha+\beta)$ のみを色づけしてある）．

図 4.13 および図 4.14 を用いて等温（恒温）切断状態図および垂直切断状態図を作成することは，3元系状態図の理解に役立つ．以下に，これらの切断状態図の作製法を詳述する．

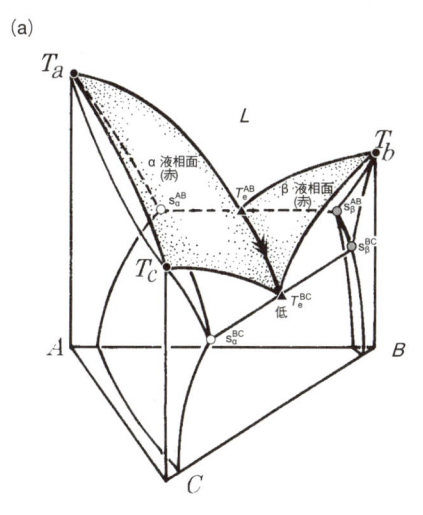

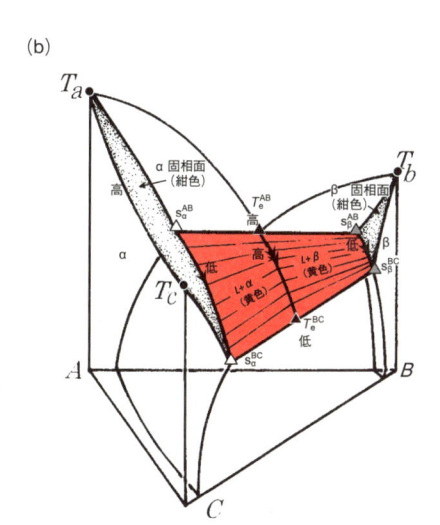

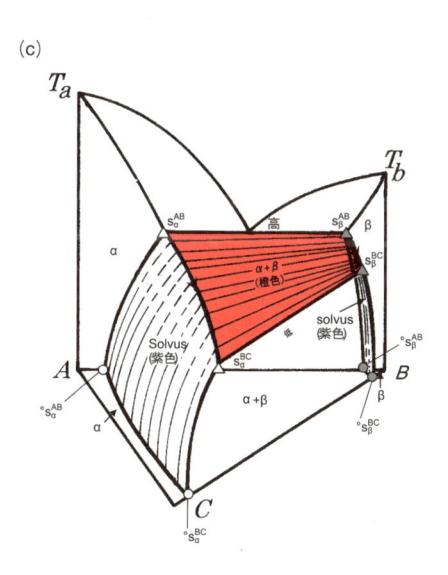

図 4.13 (a) 第 1 層. (b) 第 2 層. (c) 第 3 層

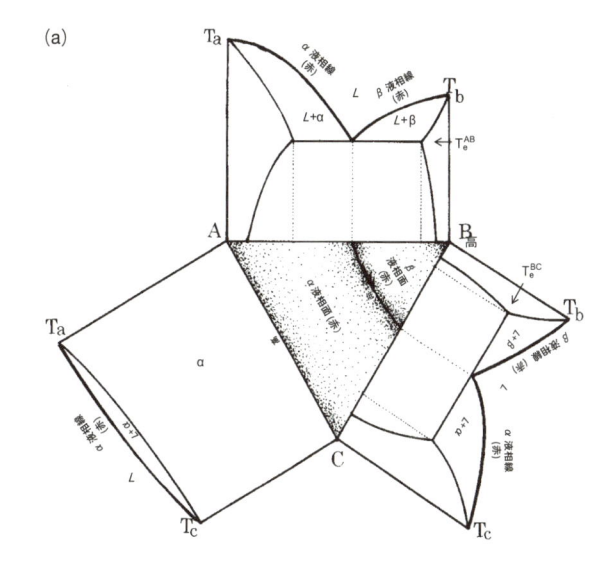

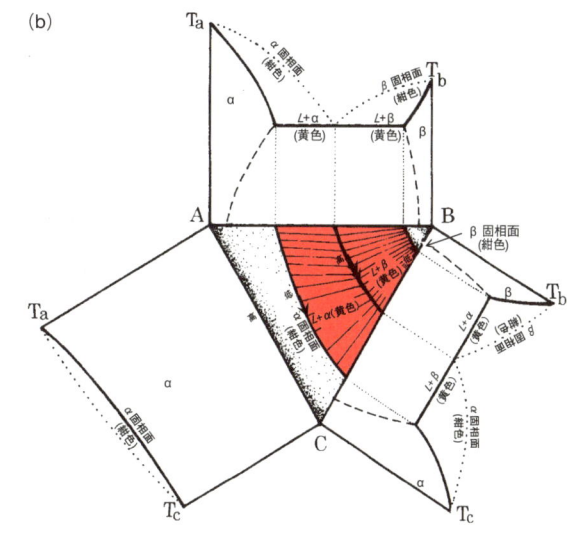

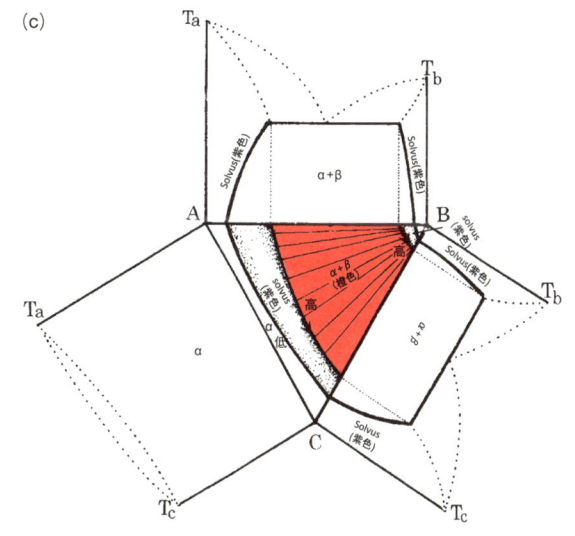

図 4.14 (a) 展開状態図の第 1 層, (b) 展開状態図の第 2 層, (c) 展開状態図の第 3 層

▶ a. 等温（恒温）切断状態図

まず，図4.11（c）の展開状態図で中心部の3元三角座標内を白紙にした図（図4.15（a））を準備する．この時に，AB 2元系および BC 2元系状態図の液相線（赤），固相線（紺），solvus（紫）をそれぞれ色付けすること．

温度 $T_1(>T_e^{BC}, T_e^{AB})$ の線を AB，BC，CA の各2元系で引いてみると，CA 2元系では相境界と交差しない．一方，AB 2元系では α の固相線 (α_1)（□），L の液相線で2点 (ℓ_α, ℓ_β)（●），β の固相線 (β_1)（■）の4点で相境界と交差する．これらの交点をマークし，そこから室温まで垂線を下し，その交点 ($\underline{\alpha_1}, \underline{\ell_\alpha}, \underline{\ell_\beta}, \underline{\beta_1}$) を求める．また，AB 2元系の状態図から得られる相領域も AB にそって記入する．同様なことを BC 2元系についても行い，$\underline{\alpha_1'}, \underline{\ell_\alpha'}, \underline{\ell_\beta'}, \underline{\beta_1'}$ を求める．ここで「′」は BC 2元系であることを表す．

次に ABC 3相三角形の内部に向かって，($\underline{\alpha_1}, \underline{\ell_\alpha}, \underline{\ell_\beta}, \underline{\beta_1}$) および ($\underline{\alpha_1'}, \underline{\ell_\alpha'}, \underline{\ell_\beta'}, \underline{\beta_1'}$) から短い線を引いてみる（図4.15（b））．そうすると，ABC 3元系内での相境界が図4.15（c）に示すようになることはほとんど自明であろう．

次に $T_2(T_e^{AB}>T_2>T_e^{BC})$ に移ろう（図4.16（a））．T_1 の場合と同様の操作を行うと，図4.16（b）の結果が得られる．○どうしおよび●どうしは容易に結ぶことができる．BC 2元系の2個の●は AB 2元系からの線とは結びつかないので，互いに手をつないでループを形成する（図4.16（c））．そうすると，周囲の相の共存状態から判断して，図4.16（d）のように $(L+\alpha+\beta)$ の3相三角形を描くことができる．2相領域 $(L+\alpha)$，$(L+\beta)$，$(\alpha+\beta)$ 内に共役線を結べば T_2 における等温（恒温）切断状態図が完成する（図4.16（e））．

$T_3(<T_e^{AB}, T_e^{BC})$ についても同様の操作を行うと（図4.17），T_1, T_2, T_3 における等温（恒温）切断状態図として，図4.18（a）〜（c）に示す結果が得られる．

▶ b. 垂直切断状態図

垂直切断状態図の作成にも展開状態図（図4.11（c））を用いる．まず切断面にそって直線を引く（図4.19では①-B）．ここでは①-Bに沿う垂直切断状態図を作成してみよう．3元三角座標内で直線①-Bが相境界線と交差する点（①，②，③，④，⑤，⑥，B）は垂直切断状態図内での特異点となる．ここで，図4.14（a）〜（c）を参照する．

まず，一番上の相界面である第1層（図4.20（a））を見てみよう．ここでは，図4.19中の①〜⑥，Bのうち，①，④，Bのみが関係しているので，①，④を黒抜きで❶，❹のように表示する．❶はAC 2元系状態図より明らかなように，液相線との交点①′と固相線との交点①″の2個の点が重なって投影されている（①′の温度 > ①″の温度：以下①′>①″で表す）が，図4.20（a）では❶に対応している（❶=①′）．一方Bは純金属なので，Bの融点に対応する（B=T_b）．点❹は $(L+\alpha+\beta)$ 3相三角

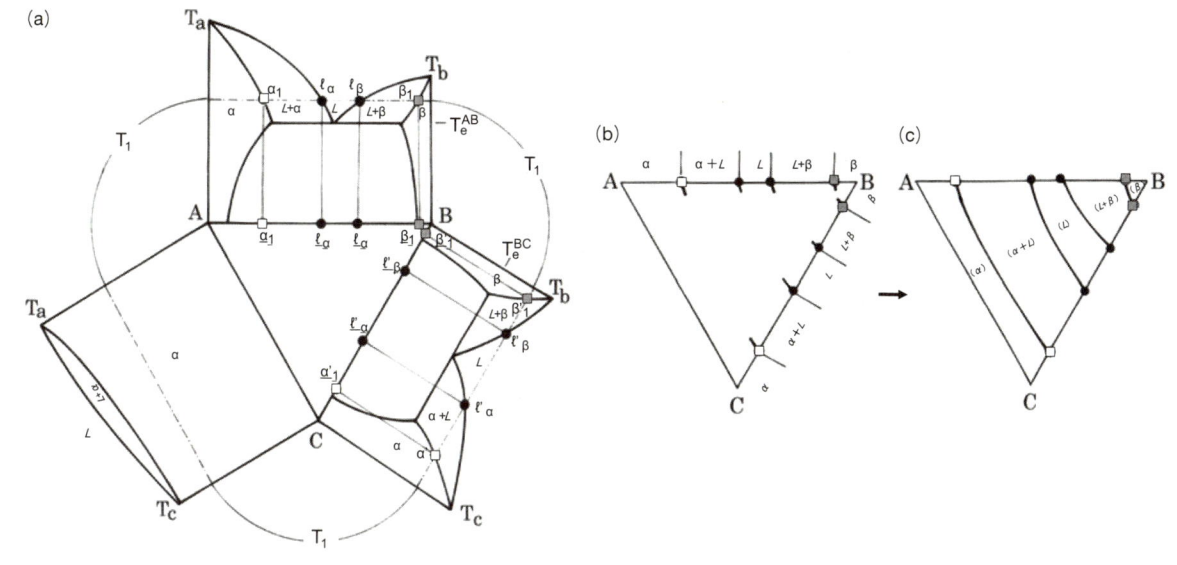

図 4.15 等温切断状態図の作成（温度：T_1）
(a) 手順①，(b)，(c) 手順②．

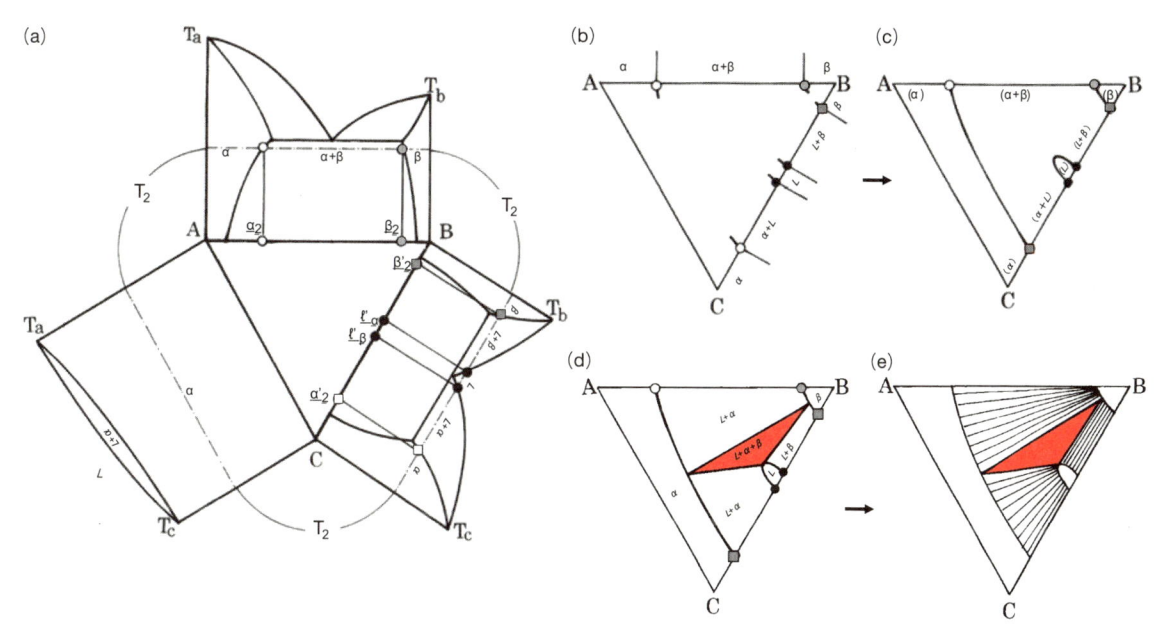

図 4.16 等温切断状態図の作成（温度：T_2）
(a) 手順①，(b)，(c) 手順②，(d)，(e) 手順③．

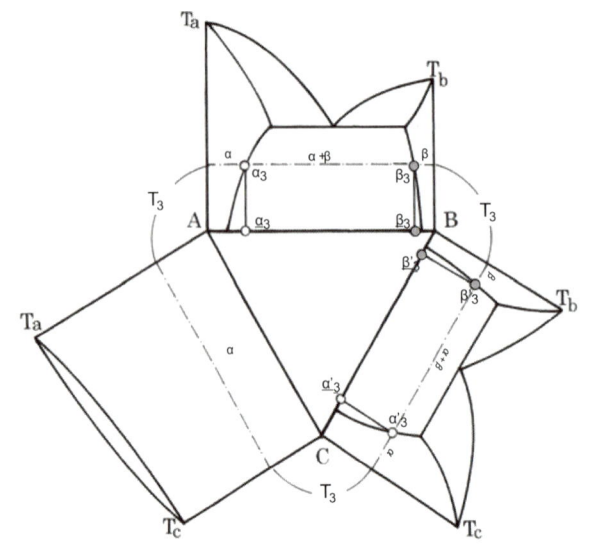

図 4.17 等温切断状態図の作成（温度：T_3）

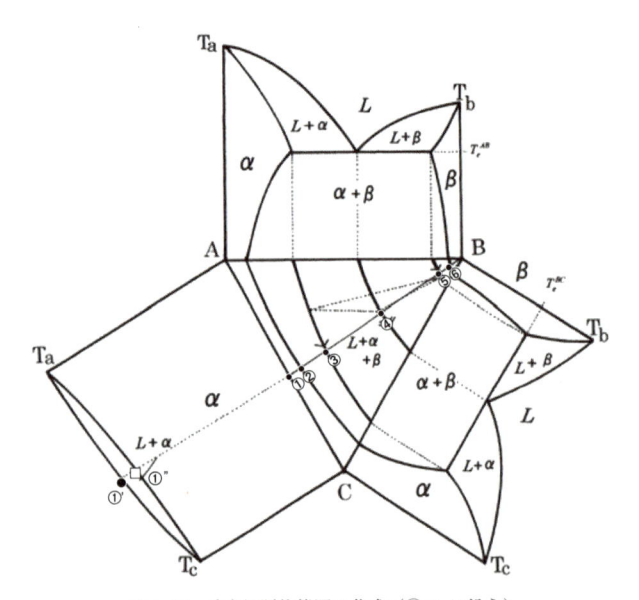

図 4.18 等温切断状態図
(a) T_1, (b) T_2, (c) T_3.

図 4.19 垂直切断状態図の作成（①-Bに沿う）

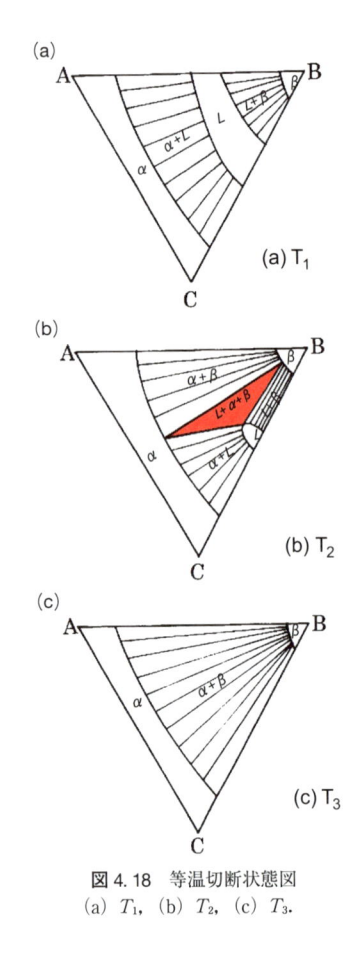

形の液相 L に対応し，2つの液相面の交線と屋根の頂点に対応する（❹＝L（図 4.12 参照））．したがって，図 4.14（a）から求められる相境界線は図 4.21 の実線（液相面に対応するので赤く色をつけよ）で表したようになる．

次に図 4.20（b）に移る．ここでの特異点は ❶，❸，❹，❺，B である．ここで，❶＝①″，B＝T_b．したがって，ここで得られる相境界線は図 4.21 において破線で示したようになる．ここで，①″-❸ および ❺-T_b は固相線である（紺色をつけよ）．❸-❹ および ❹-❺ は（$L+α+β$）3相三角形の屋根に対応する（図 4.12 参照．黄色をつけよ）．

図 4.20 垂直切断状態図の作成（❶-B に沿う）
(a) 手順①, 第 1 層. (b) 手順②, 第 2 層. (c) 手順③, 第 3 層.

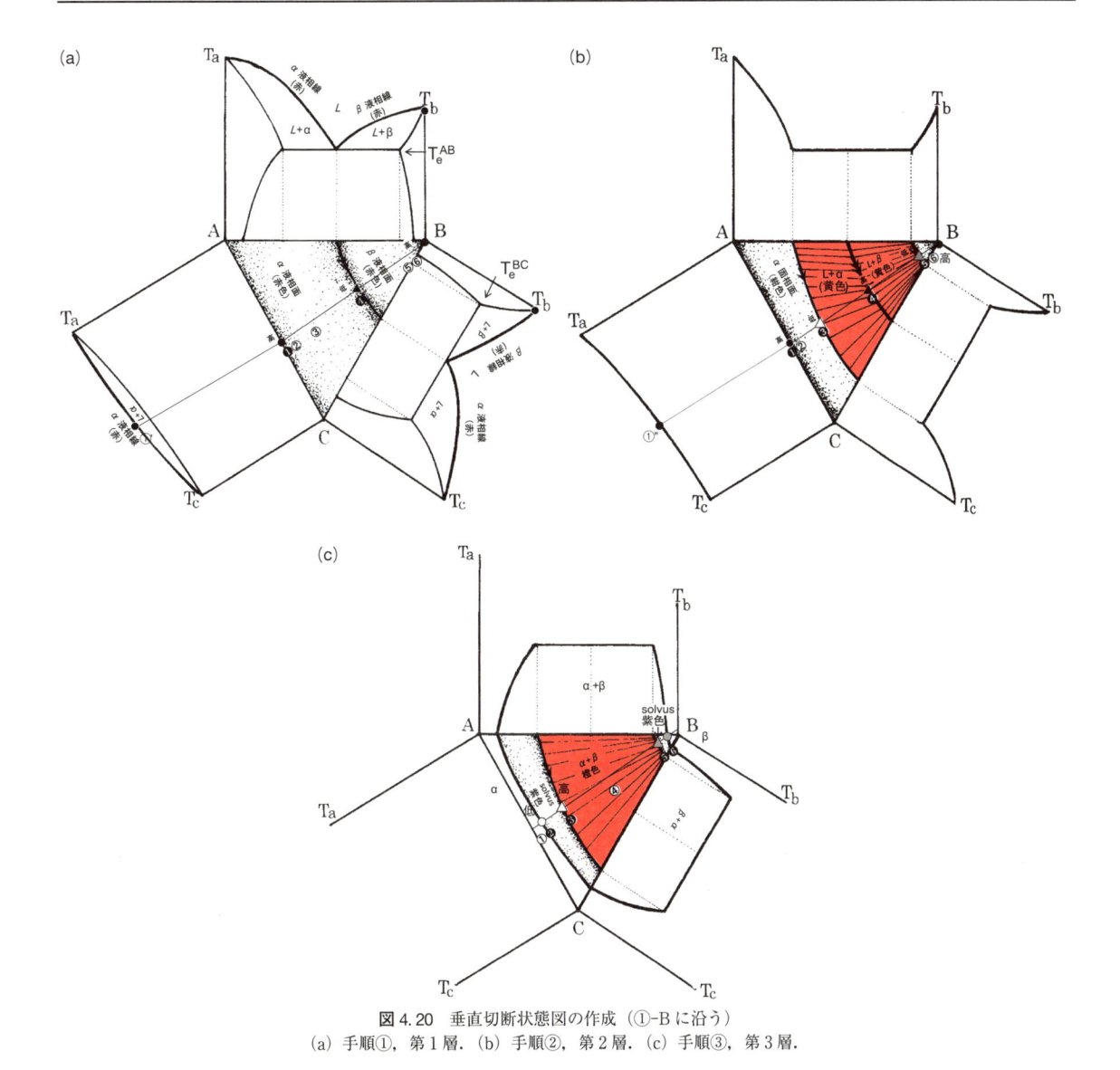

最後に図 4.20 (c) より，特異点 ❷, ❸, ❺, ❻ の存在がわかる．これらを結ぶと，図 4.21 において一点鎖線で示したようになる．ここで，❸-❺ は屋根型の ($L+α+β$) 3 相三角形の下の広い面に対応し（橙色をつけよ），❷-❸，❺-❻ は solvus 線に対応する（紫色をつけよ）．各領域内に存在する相を記入して ❶-B に沿う垂直切断状態図の完成である（図 4.21）．

以上の操作で必要に応じて図 4.13 (a)〜(c) の鳥瞰図も参照されたい．

問 題 図 4.22 の a-e に沿う垂直切断状態図を作成せよ．

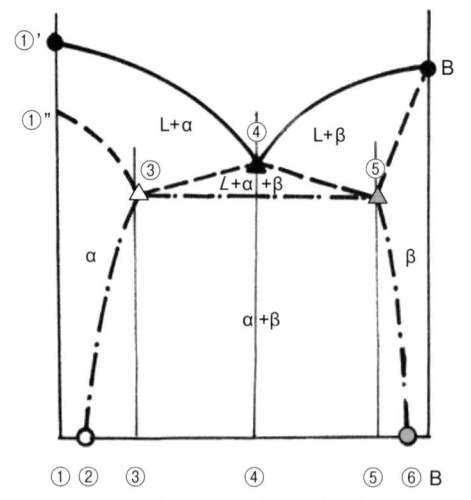

図 4.21 ①-B（図 4.19 参照）に沿う垂直切断状態図

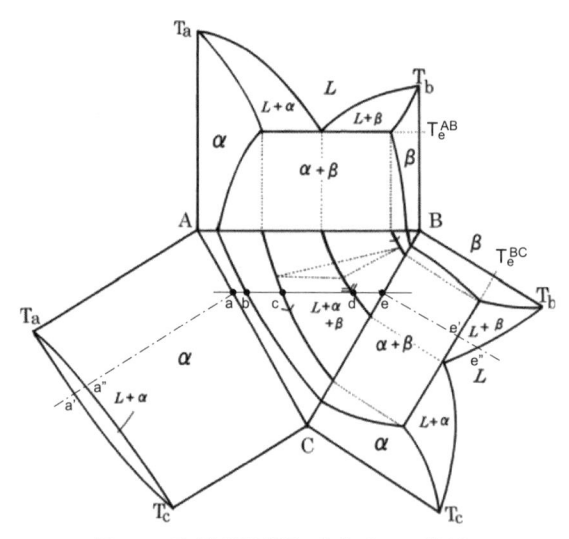

図 4.22 垂直切断状態図の作成（a-e に沿う）

4.2.3 ● 包晶型

包晶型の3元状態図の立体図を図4.23（a），（b），展開状態図を図4.23（c）に示す．図4.23（a），（b）で影を施した部分はそれぞれAB2元系，BC2元系の包晶反応を示している．包晶型3元状態図のポイントは，図4.24に示すように，（$L+α+β$）3相三角形が下に凸になっていることである（図4.12の共晶型の（$L+α+β$）3相三角形参照）．

> **問　題**　共晶系と包晶系では3相三角形の屋根がそれぞれ逆転する理由を考察せよ．

3元系状態図内の相境界の曲面を上（高温側）から分解していこう（図4.25，図4.26）．まず，最初に現れるのが液相面T_b-T_p^{AB}-T_p^{BC}（赤色）およびT_a-T_p^{AB}-T_p^{BC}-T_c（赤色）である．ここではT_p^{AB}はT_p^{BC}よりも高温側

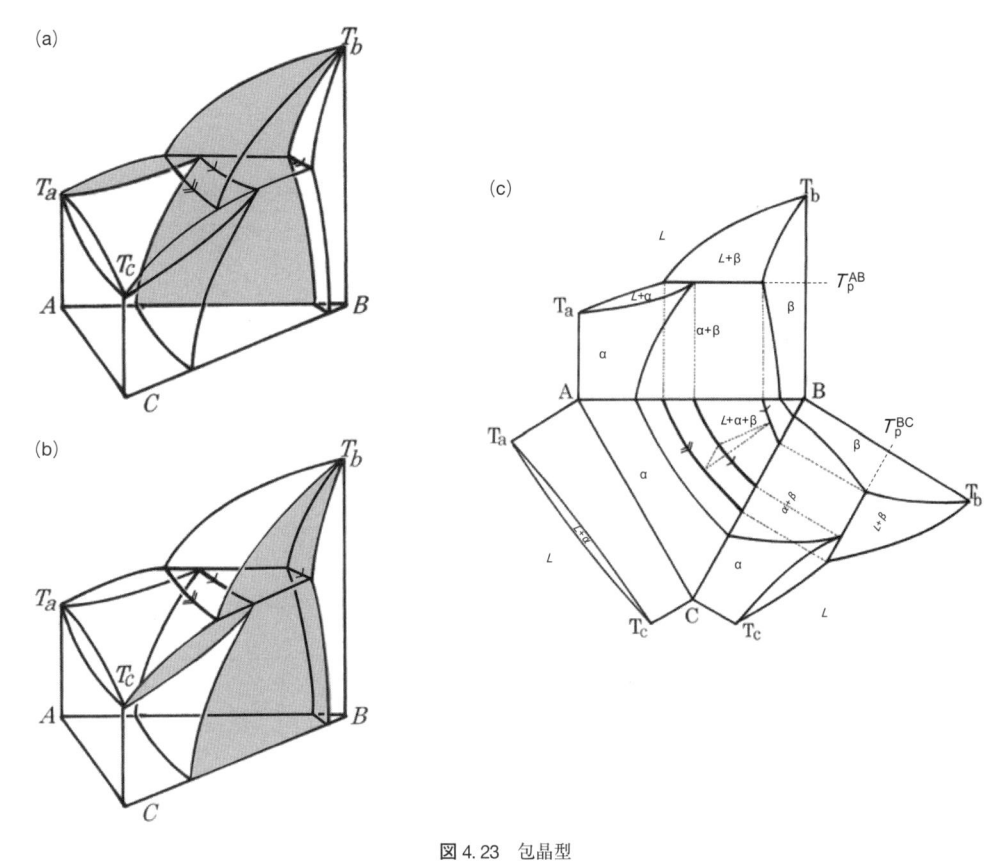

図 4.23 包晶型
(a) ハッチングは AB 2 元系の包晶反応を示す．(b) ハッチングは CB 2 元系の包晶反応を示す．包晶温度は A-B 2 元系のほうが CB 2 元系より高い．(c) 包晶型の投影状態図．

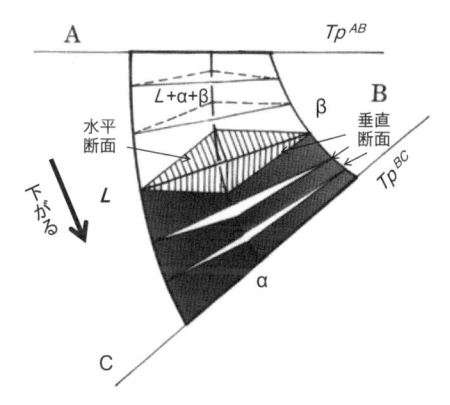

図 4.24 包晶型の $(L+\alpha+\beta)$ 3 相三角形
T_p^{AB} は AB 2 元系の包晶温度，T_p^{BC} は AB 2 元系の包晶温度．ただし，$T_p^{AB} > T_p^{BC}$．

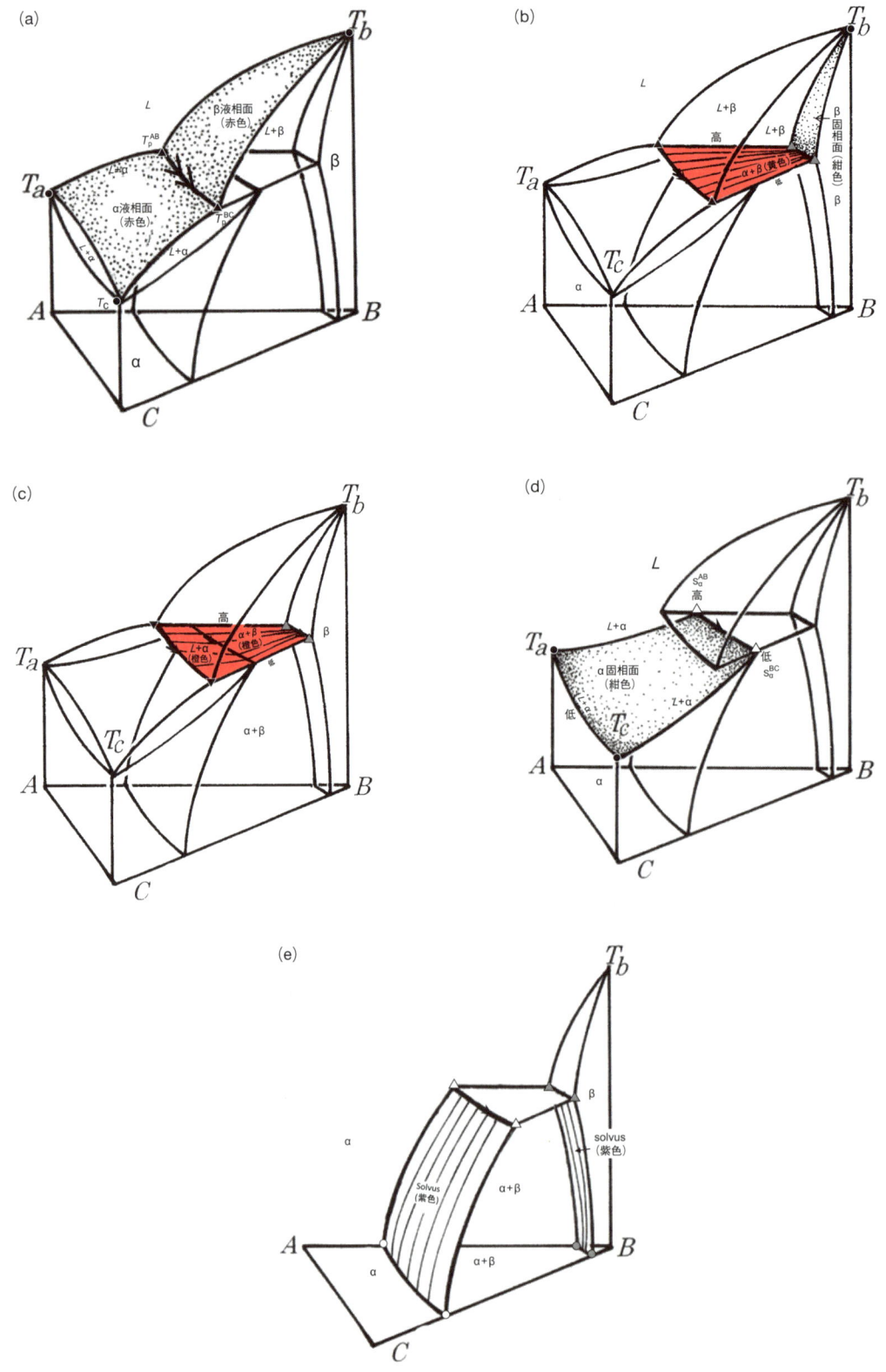

図 4.25 (a) 第1層, (b) 第2層, (c) 第3層, (d) 第4層, (e) 第5層

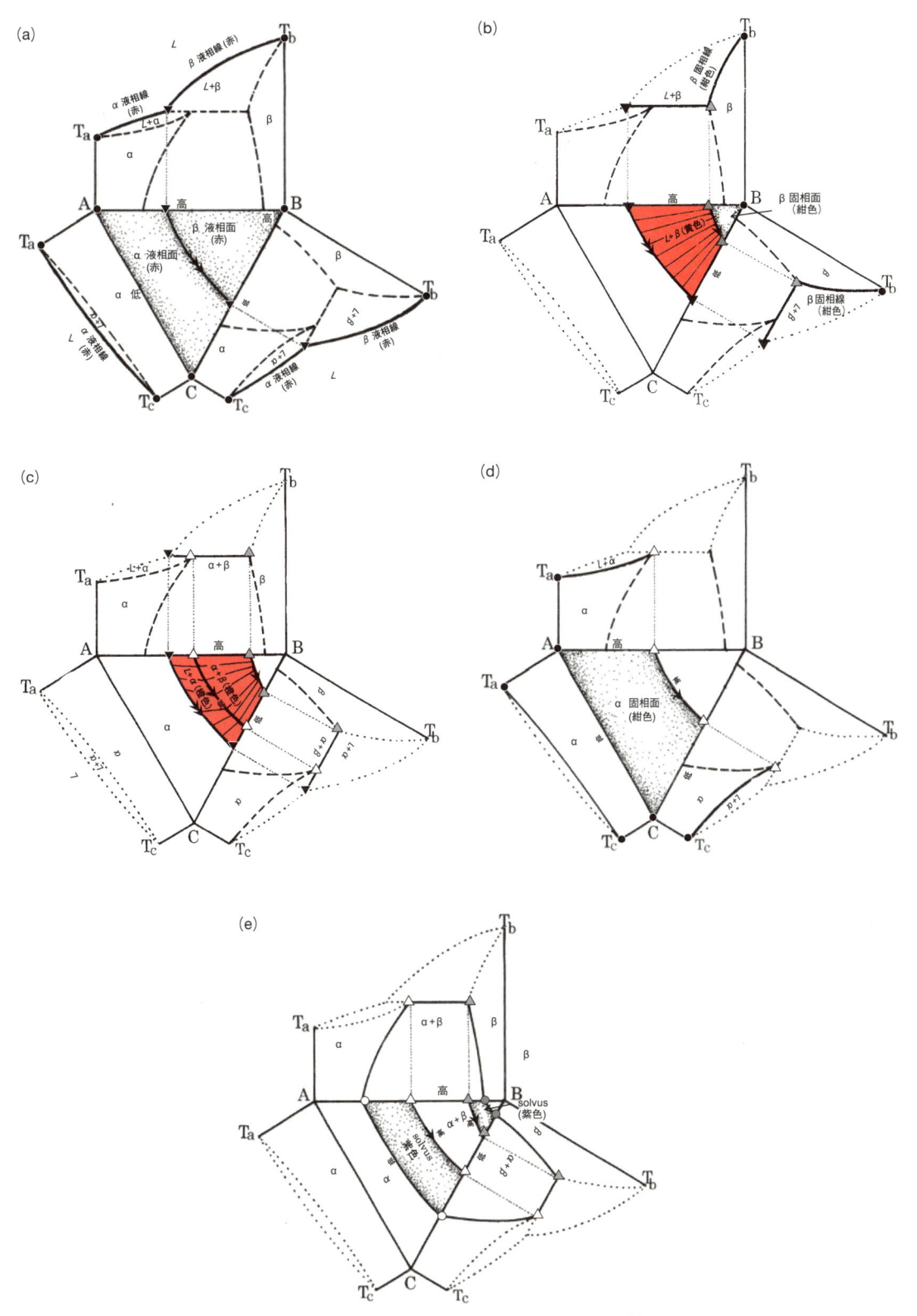

図 4.26 (a) 第1層，(b) 第2層，(c) 第3層，(d) 第4層，(e) 第5層

に存在するので，液相面を2つの領域に分割する T_p^{AB}-T_p^{BC} は AB 側から BC 側へと降下している．

次に現れるのが B 側の固相面（紺色）と $(L+α+β)$ 3 相三角形（下に凸）の広い面（黄色）である．次に現れるのが $(L+α+β)$ 3 相三角形（下に凸）の 2 つの狭い面（橙色）である．次に AC2 元系側の固相面 T_a-$s_α^{AB}$-$s_α^{BC}$-T_c（紺色）がようやく現れる．最後に α と β の solvus（紫色）が現れる．

以上を要約すると表 4.3 のようになる．

▶ a. 等温切断状態図

共晶型の場合と同様の操作を図 4.27 の $T_1 \sim T_7$ について行うと，それぞれの温度に対する等温切断状態図は図 4.28 (a)〜(g) のようになる．

表 4.3

	AC 2 元系（α 相）側	β 相側		
第 1 層	液相面，T_a-T_p^{AB}-T_p^{BC}-T_c（赤色）	液相面，T_b-T_p^{AB}-T_p^{BC}（赤色）		
第 2 層		$(L+α+β)$ 3 相三角形 ／ （下に凸）の広い面（黄色）		β の固相面（紺色）
第 3 層		$(L+α+β)$ 3 相三角形（下に凸）の狭い面（橙色）	$(L+α+β)$ 3 相三角形（下に凸）の狭い面（橙色）	
第 4 層	α の固相面（紺色）			
第 5 層	α の solvus（紫色）			β の solvus（紫色）

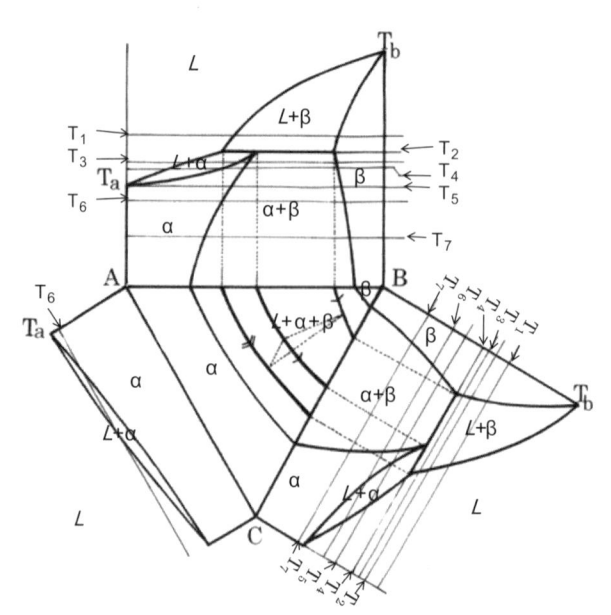

図 4.27 等温切断状態図の作成

4.2 比較的単純な3元系

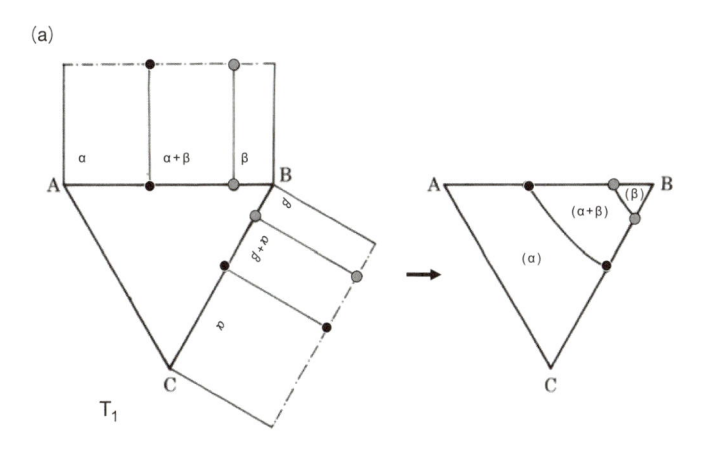

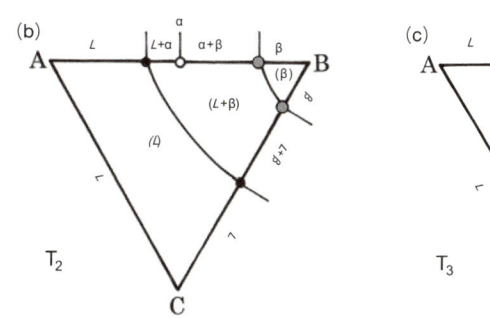

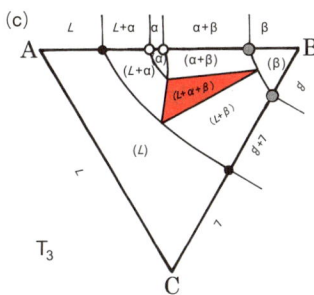

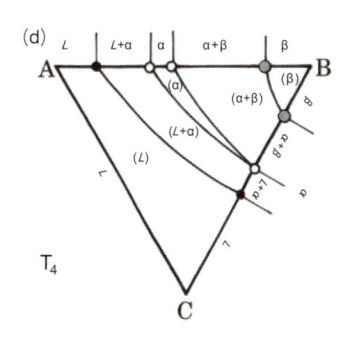

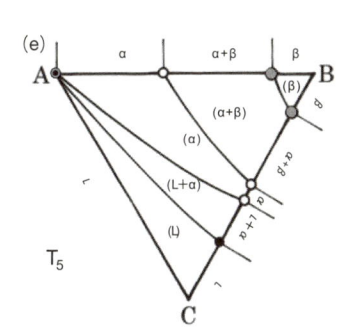

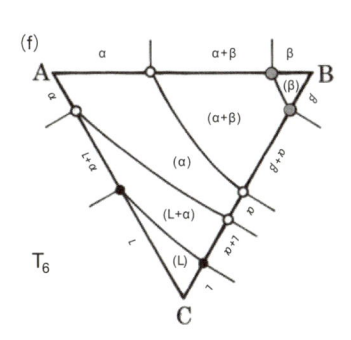

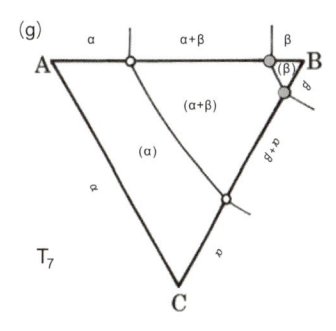

図 4.28 水平断面
(a) 温度 T_1, (b) 温度 T_2, (c) 温度 T_3, (d) 温度 T_4, (e) 温度 T_5, (f) 温度 T_6, (g) 温度 T_7.

▶ b. 垂直切断状態図

図 4.29 に示す ①-B に沿う垂直切断状態図を作成してみよう.

3 元三角座標内で直線 ①-B が相境界線と交差する点 (①, ②, ③, ④, ⑤, ⑥, B) は垂直切断状態図内での特異点となる. ここで, 図 4.25 を参照する.

まず, 第 1 層の図 4.30 (a) において, ❶ は, AC2 元系の状態図からも明らかなように, 液相線との交点①'（●）と固相線との交点①''（□）が重なって投影されたものであるが第 1 層を取り扱っているので, ❶＝①'. 図 4.26 (a) より, ❶(①')-❸ は α 相に対する液相線, ❸-B は β 相に対する液相線であることがわかる. 次に, 第 2 層の図 4.30 (b) において, ❸-❺ は図 4.25 (b) より, ($L+α+β$) 3 相三角形の上の広い面に対応する. ❺-B は β 相に対する固相面である. 図 4.25 (c) より, ❸-❹ と ❹-❺ は ($L+α+β$) 3 相三角形の下の面に対応し, それぞれ ($L+α$), ($α+β$) との境界である. 第 3 層の図 4.30 (d) において, ❶＝①''（＝AC 2 元系の α 相の固相線, □）であるから, ❶(①''＝□)-❹ は α 相に対する固相面である. 最後に図 4.30 (e) の第 4 層では, 図 4.25 (e) より ❷-❸, ❺-❻ はそれぞれ α 相と β 相の solvus である.

その結果として得られる垂直切断状態図を図 4.31 に示す.

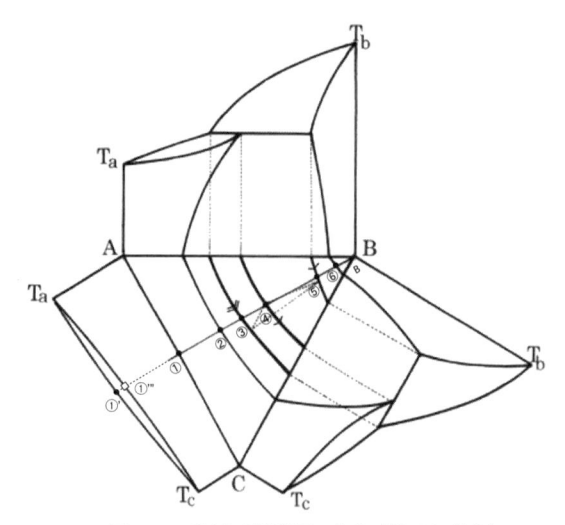

図 4.29 垂直切断状態図の作成 (①-B に沿う)

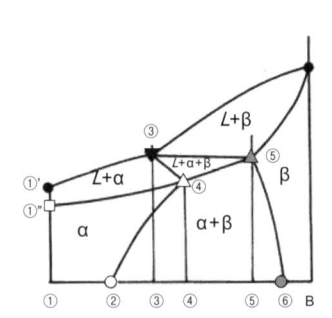

図 4.31 垂直切断状態図 (図 4.29 の①〜B に沿う)

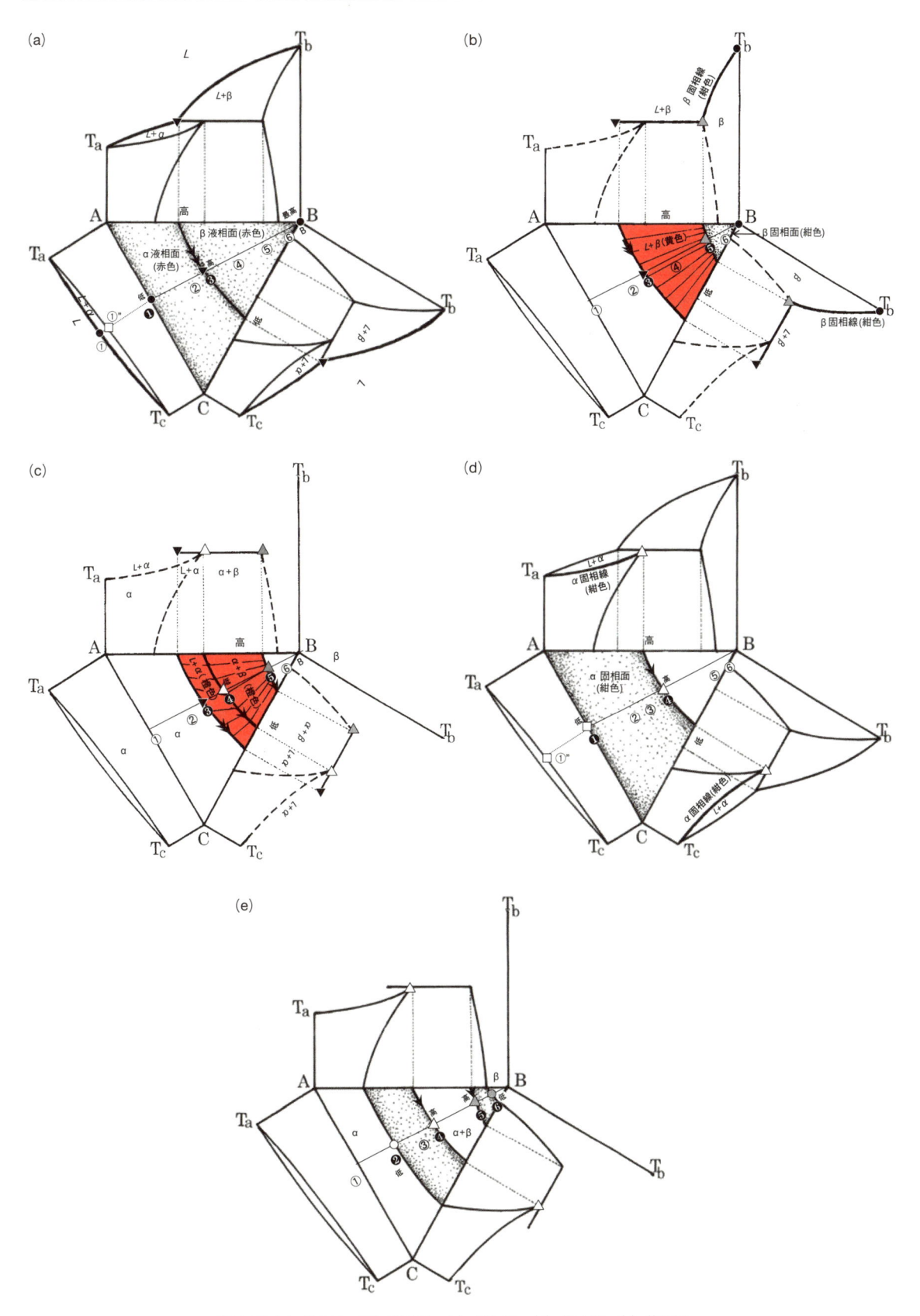

図4.30 (a) 第1層, (b) 第2層, (c) 第3層, (d) 第4層, (e) 第5層

4.3 複雑な3元系

4.3.1 ● 3元共晶（タイプⅠ）

3元共晶反応の鳥瞰図を図4.32（a），（b）に，展開状態図を図4.32（c）に示す．図4.32（a）で影を施した部分はAB2元系の共晶反応を示す．同様に図4.32（b）ではBC，CAの2つの2元系における共晶反応を示す．AB，BC，CAのすべての2元系において共晶反応が存在し，それぞれの共晶温度が（$L+\alpha+\beta$），（$L+\beta+\gamma$），（$L+\gamma+\alpha$）の3相三角形を伴って3元系内部へと下っていく（図4.32（c））．ある温度で，これらの3つの3相三角形が合体し，中心にLを有する（$\alpha+\beta+\gamma$）の三角形が形成される．この温度では（$L+\alpha+\beta+\gamma$）の4相が存在し，自由度$f=0$となり，不変反応となる．この温度が3元共晶温度である．Lが消滅すると，（$\alpha+\beta+\gamma$）の3相共存となり，再び，自由度$f=1$となって，温度が低下する．

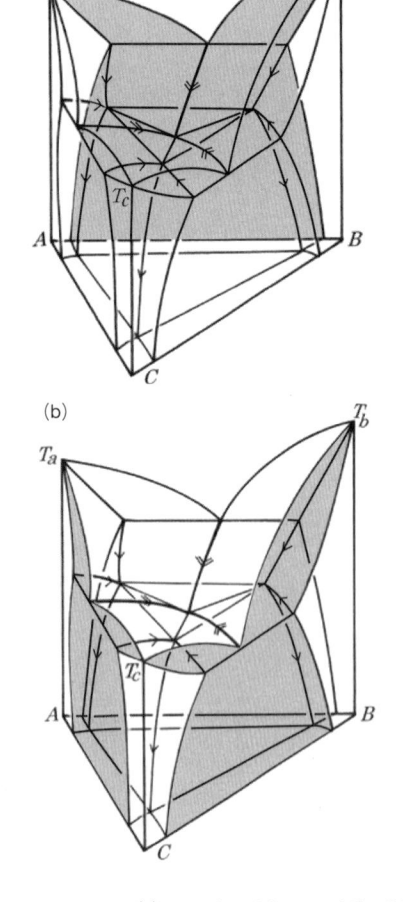

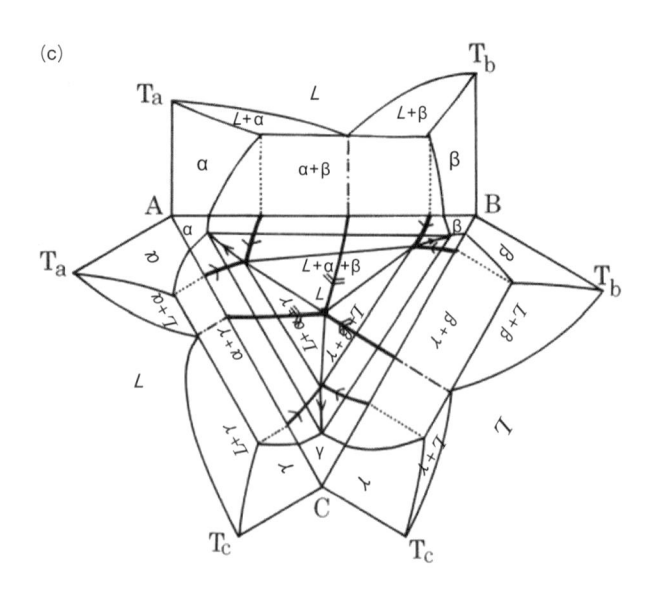

図4.32 3元共晶（タイプⅠ）
（a）ハッチングはAB2元系の共晶反応を示す．（b）ハッチングはCBおよびAC2元系の共晶反応を示す．
（c）3元共晶の投影状態図．

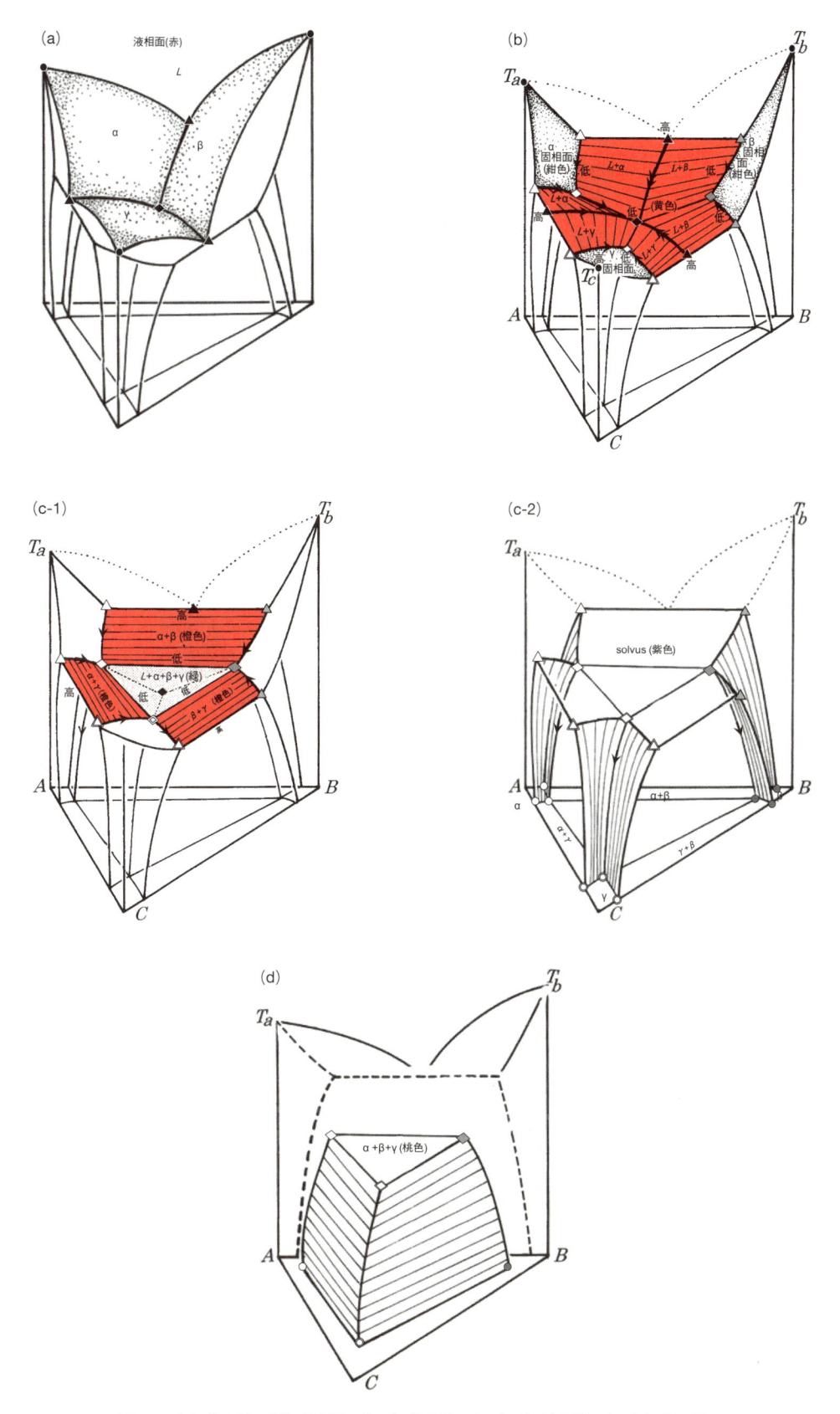

図 4.33 (a) 第1層, (b) 第2層, (c-1) 第3層の1, (c-2) 第3層の2, (d) 第4層

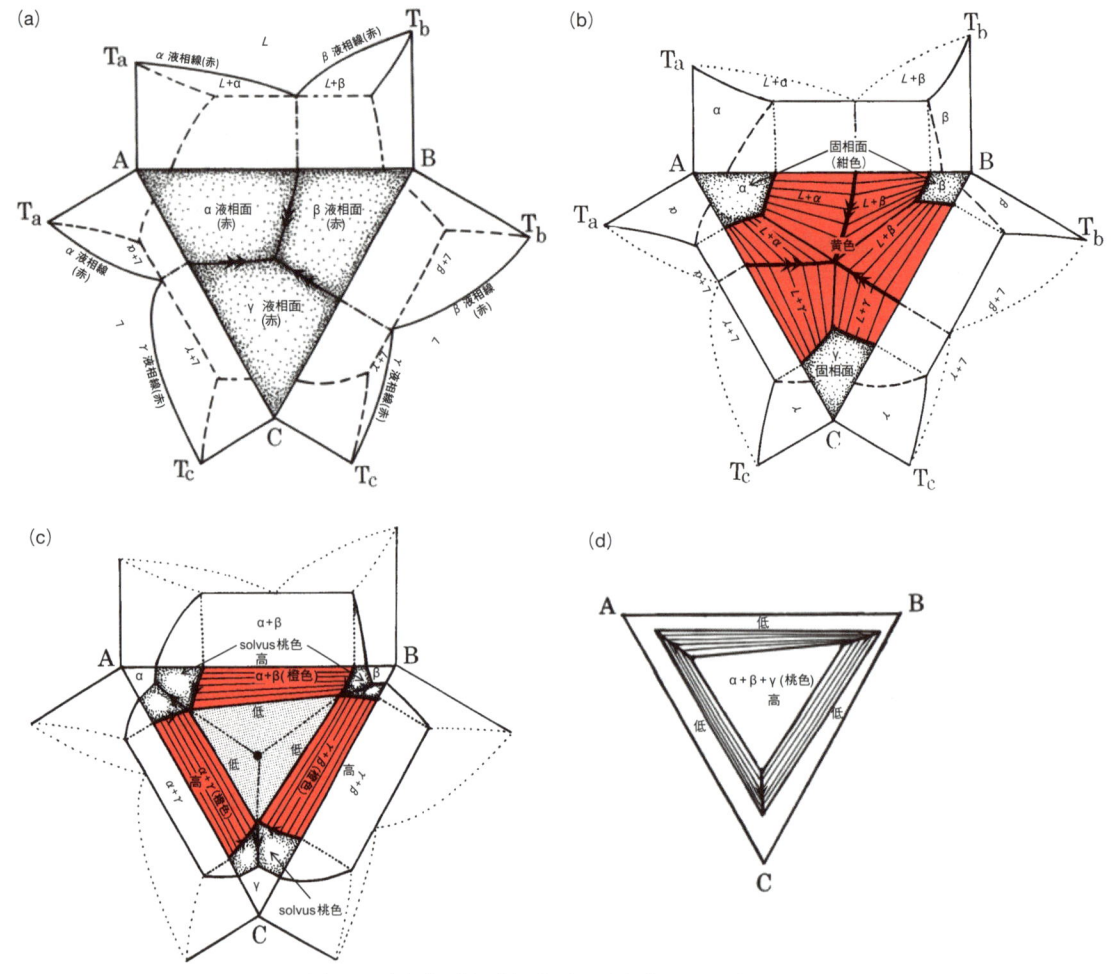

図 4.34 (a) 第 1 層, (b) 第 2 層, (c) 第 3 層, (d) 第 4 層
ここで (c) は図 4.33 の (c-1), (c-2) の 2 つを合体させてものに相当する.

　　高温側から現れる相境界面を順次示したのが, 図 4.33 (a)〜(d) と図 4.34 (a)〜(d) である.

▶ a. 等温切断状態図

AB 2元系の共晶温度を T_e^{AB},BC 2元系の共晶温度を T_e^{BC},CA 2元系の共晶温度を T_e^{CA},3元共晶温度を T_e^{III} とする.ここで,$T_e^{AB} > T_e^{BC} > T_e^{CA} > T_e^{III}$ とする.図4.35に示す $T_1 \sim T_6$ の各温度での等温切断状態図を図4.36(a)〜(f)に示す.

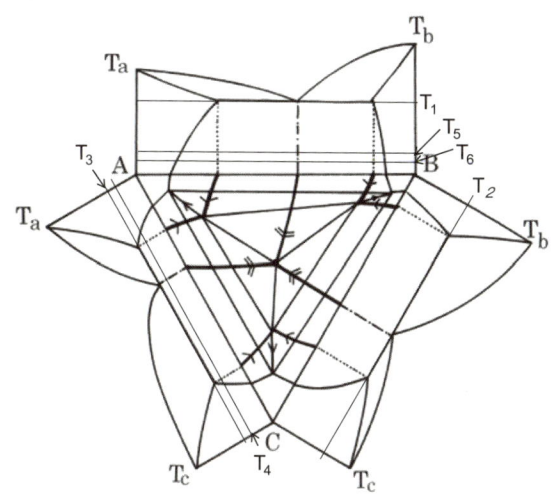

図4.35 等温切断状態図の作成

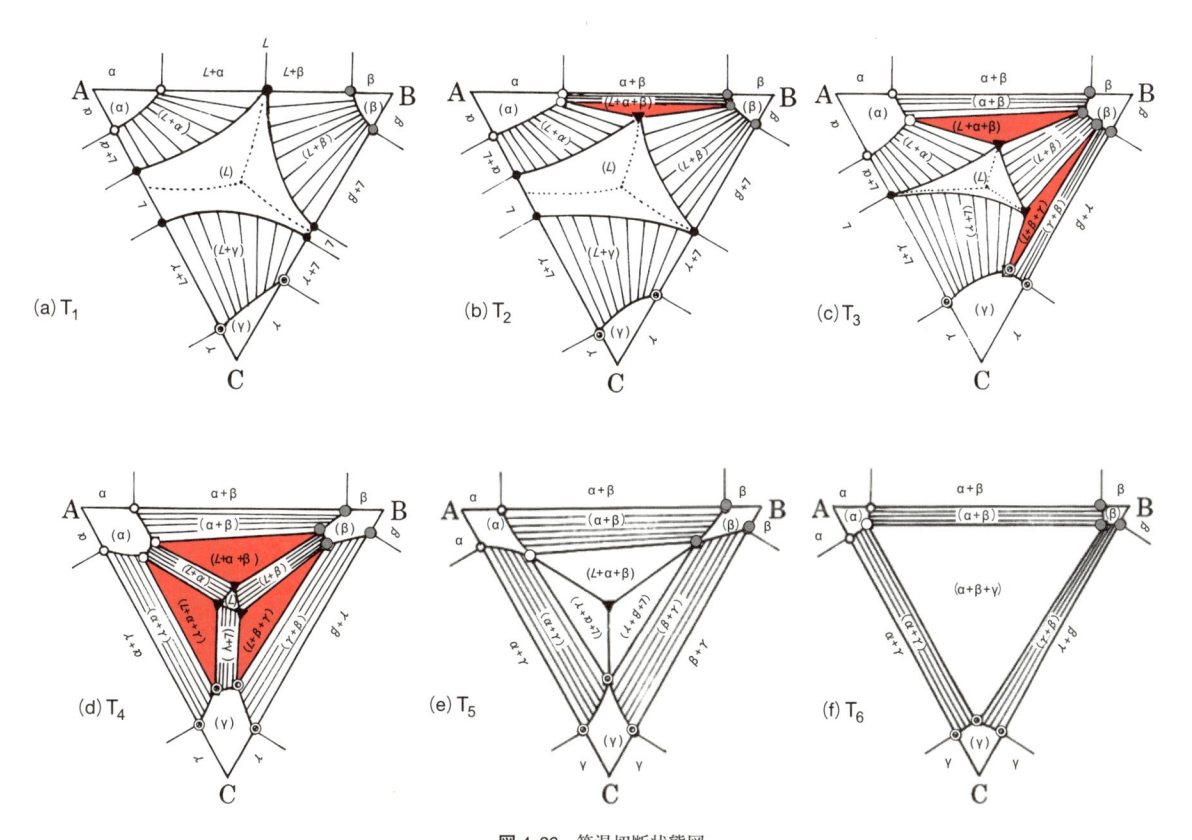

図4.36 等温切断状態図
(a) T_1,(b) T_2,(c) T_3,(d) T_4,(e) T_5,(f) T_6.

$T_1=T_e^{AB}$（図 4.36（a））において，AB 2 元系において共晶反応が出現するが，BC，CA 2 元系ではまだ共晶温度に達していない．$T_2=T_e^{BC}$（図 4.36（b））において BC 2 元系で，$T_3=T_e^{CA}$（図 4.36（c））において，CA 2 元系でもそれぞれ共晶反応が出現する．これらの共晶反応は ABC 3 元系内部へと降下していき（図 4.36（d），（e）），3 元共晶温度 $T_5=T_e^{III}$（図 4.36（e））に達する．T_e^{III} では $L+\alpha+\beta+\gamma$ の 4 相が共存し，$L\to\alpha+\beta+\gamma$ は自由度 $f=0$ の不変系である．この反応が完了し L が消滅すると，$\alpha+\beta+\gamma$ の 3 相共存となり（図 4.36（f）），自由度 $f=1$ となる．

▶ b. 垂直切断状態図

図 4.37 における ①-⑨ に沿う垂直切断状態図を作成してみよう.

まず,第 1 層(図 4.38(a))において,特異点は ❶, ❺, ❾ である.このうち,❶=①′(液相線)であることは自明である.同様に ❾=⑨′ である.❶-❺ は α に対する液相面,❺-❾ は β に対する液相面である.

第 2 層(図 4.38(b))では ❶, ❹, ❺, ❻, ❾ が特異点である.この場合 ❶=①″,❾=⑨″ である.❶-❹ は 3 相三角形 ($L+\alpha+\gamma$) の屋根の ($L+\alpha$) に対応する.したがって,❶↘❹ へと降下していく.❹-❺ は 3 相三角形 ($L+\alpha+\beta$) の屋根 ($L+\alpha$) に対応する.❺-❻ は ($L+\alpha+\beta$) の屋根の ($L+\beta$) に対応する.したがって,❹↗❺↘❻ と ❺ がピークになる(▲で示す).❻-❾ は 3 相三角形 ($L+\beta+\gamma$) の ($L+\beta$) の屋根であり,❻↗❾ と上昇する.

第 4 層(図 4.38(c))では,❶, ❸, ❼, ❾ が特異点である.ここで ❶=①″,❾=⑨″ である.❶-❸ は 3 相三角形 ($L+\alpha+\gamma$) の下の広い面 ($\alpha+\gamma$) に対応し,❼-❾ は 3 相三角形 ($L+\beta+\gamma$) の下の広い面 ($\beta+\gamma$) に対応する.❸-❼ は 3 元共晶反応 ($L+\alpha+\beta+\gamma$) の不変反応に対応するので 1 本の水平線で表されるはずである.したがって,❶↘❸→❼↗❾ となる.このうち ❸-④ は ($L+\alpha+\gamma$) の 3 相三角形に対応している.同様に,④-⑥ は ($L+\alpha+\beta$) の 3 相三角形に対応し,⑥-❼ は ($L+\gamma+\beta$) の 3 相三角形の下側の広い部分に対応する.

第 5 層(図 4.38(d))では ❷, ❸, ❼, ❽ が特異点である.❸-❷,❼-❽ は ($\alpha+\beta+\gamma$) の 3 相三角形のピラミッドの壁に相当するもので,❸↘❷,❼↘❽ へと降下している.

結局 ①-⑨ に沿う切断状態図は図 4.39 のようになる.

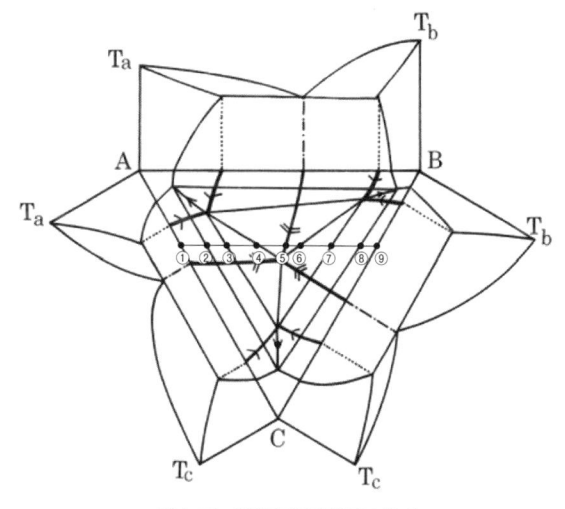

図 4.37 垂直切断状態図の作成

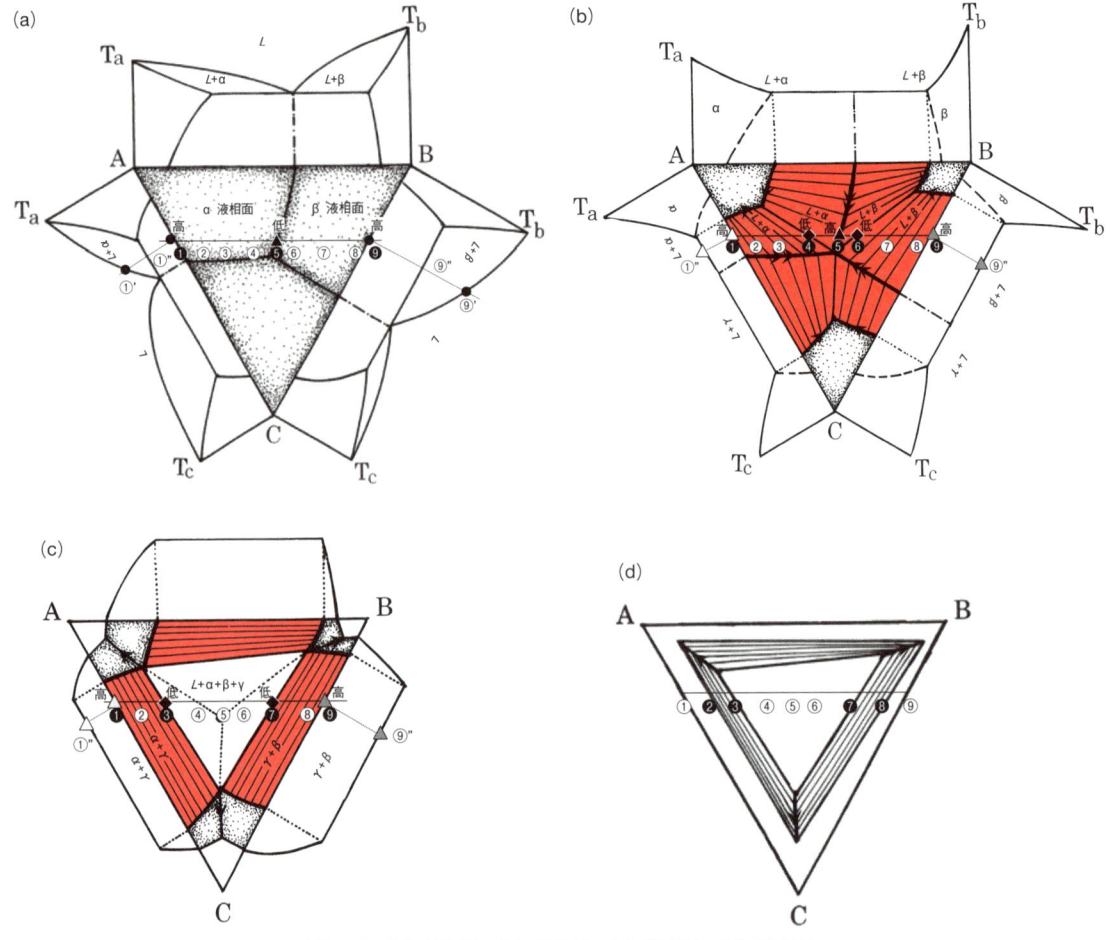

図 4.38 (a) 第1層, (b) 第2層, (c) 第3層, (d) 第4層

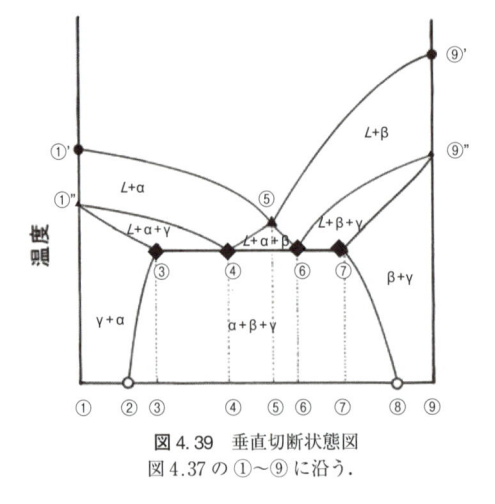

図 4.39 垂直切断状態図
図 4.37 の ①〜⑨ に沿う．

4.3.2 ● 3元包共晶（タイプⅡ）

3元包共晶（タイプⅡ反応）の鳥瞰図を図4.40（a）（b）に，展開状態図を図4.40（c）に示す．AB 2元系には包晶反応が存在し，BC，CA 2元系には共晶反応が存在する．

図4.40（a）で影を施した部分はAB 2元系の包晶反応を示す．同様に図4.40（b）ではBC, CAの2つの2元系における共晶反応を示す．

AB 2元系の包晶反応，CA 2元系の共晶反応に関係する3相三角形（$L+\alpha+\beta$）と（$L+\alpha+\gamma$）はともにBC 2元系に向かって下りていき，ある温度でこれらの2つの3相三角形が合体し，（$L+\alpha+\beta+\gamma$）4相共存の不変反応を形成する．この温度が3元包共晶温度，$T_{pe}^{Ⅲ}$ である．ただし，この場合，液相 L は（$\alpha+\beta+\gamma$）3相三角形の外側に存在する．この液相 L は両側にβとγを従えて（$L+\beta+\gamma$）3相三角形を形成して，共晶反応として，BC 2元系へと降下していく（図4.40（c））．高温側から現れる相境界面を順次示したのが，図4.41（a）～（f）と図4.42（a）～（f）である．

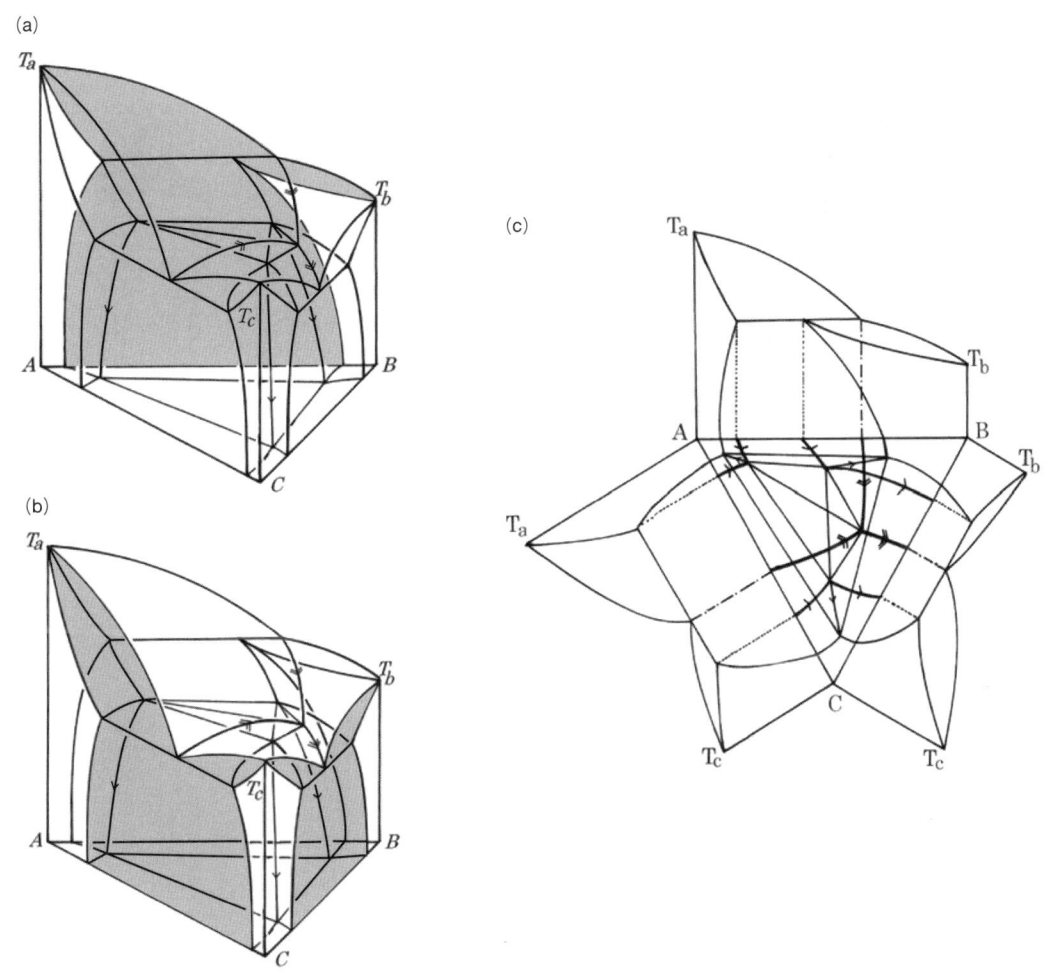

図4.40 包共晶反応（タイプⅡ）
(a) ハッチングはA-B 2元包晶反応を示す．(b) ハッチングはBCおよびAC 2元共晶反応を示す．(c) 展開状態図．

118 | 4. 3元系状態図

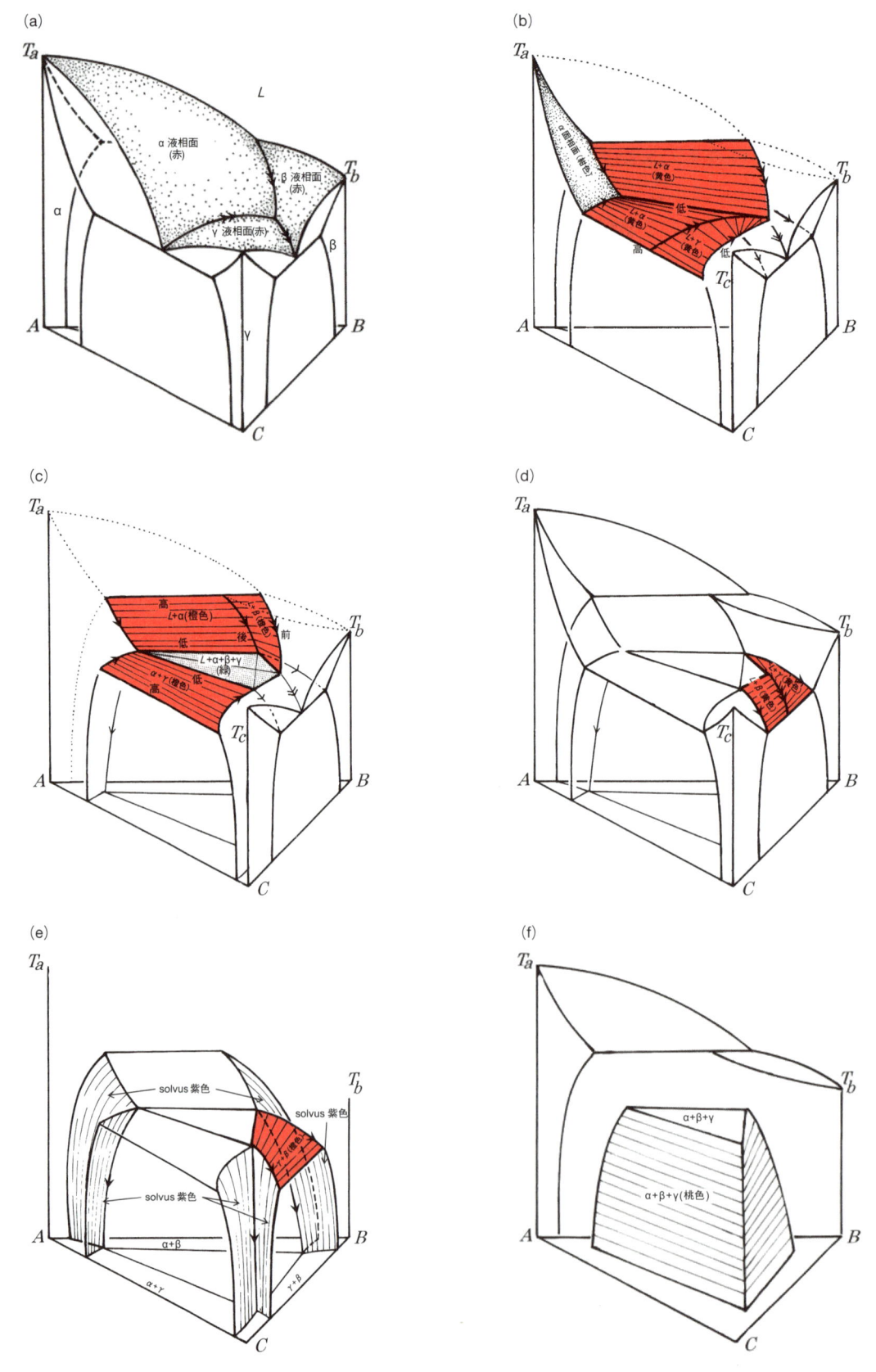

図 4.41 (a) 第1層, (b) 第2層, (c) 第3層, (d) 第4層, (e) 第5層, (f) 第6層

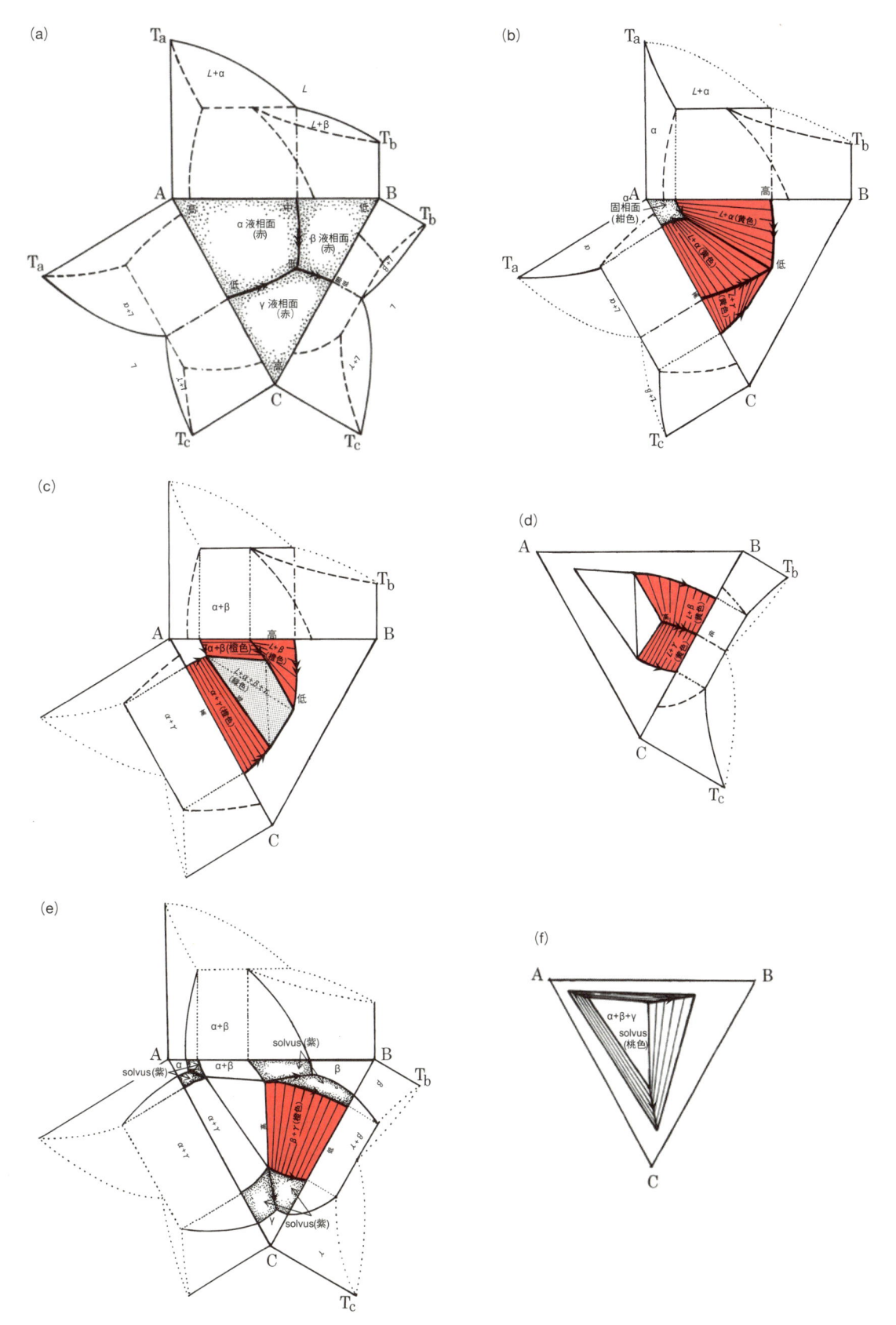

図 4.42 (a) 第1層, (b) 第2層, (c) 第3層, (d) 第4層, (e) 第5層, (f) 第6層

▶ a. 等温切断状態図

図 4.43 に示す各温度における等温切断状態図を図 4.44 (a)～(d) に示す．

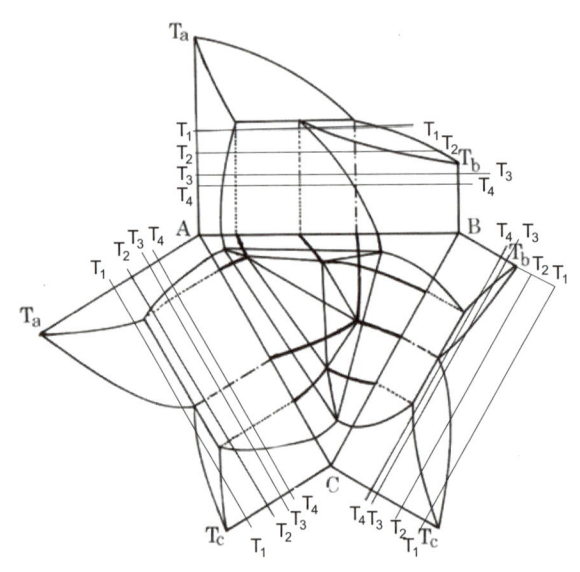

図 4.43 等温切断状態図の作成

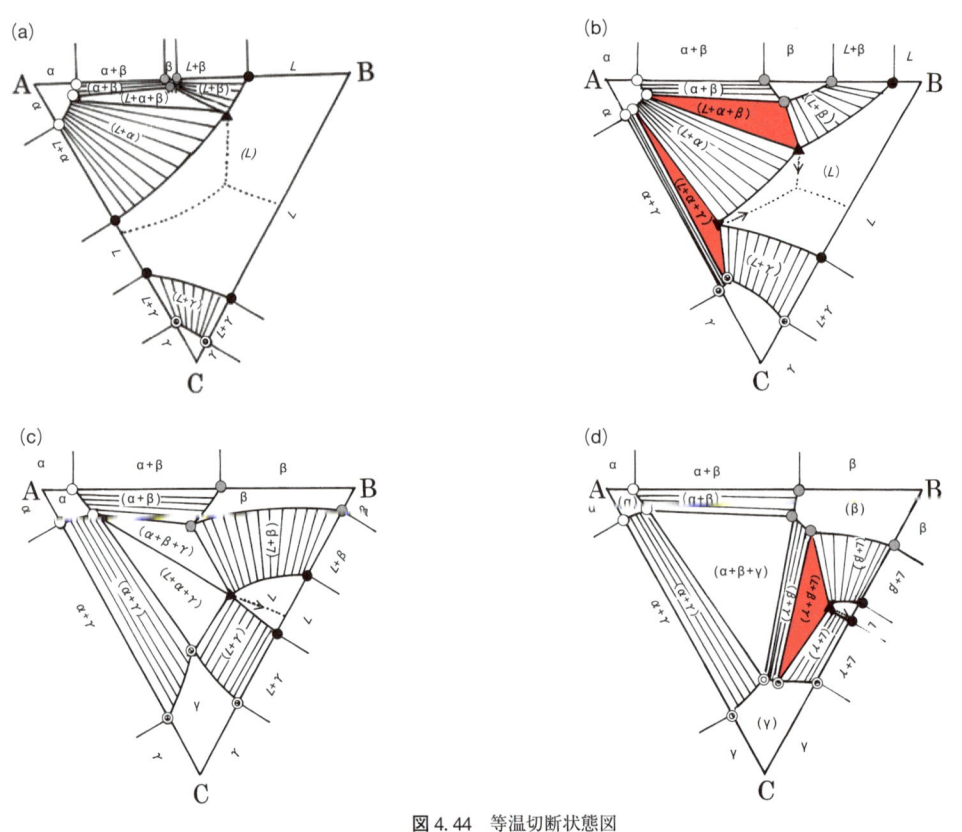

図 4.44 等温切断状態図
(a) T_1, (b) T_2, (c) T_3, (d) T_4.

▶ b. 垂直切断状態図

図 4.45 に示す切断面 ① に沿う垂直切断状態図を作成しよう.

第 1 層（図 4.46 (a)）における特異点は ❶, ❼, ❾ である. ここで ❶ = ①′, ❾ = ⑨′ である. 液相面の形状より ❶↘❼, ❼↘❾ と降下することがわかる.

第 2 層（図 4.46 (b)）では ❶, ❹, ❼ が特異点である. ここで ❶ = ①″ (△) である. ❶-❹ は 3 相三角形（共晶）($L+β+γ$) の屋根の部分 ($L+γ$) で, ❹-❼ は 3 相三角形（包晶）($L+α+β$) の上の広い面 ($L+α$) である. すなわち ❼ は 3 相三角形（包晶）($L+α+β$) の液相線である. ❶↘❹↗❼ と変化する.

第 3 層（図 4.46 (c)）では ❶, ❸, ❻, ❼ が特異点である. ❶ = ①″ (△) で, ❶-❸ は 3 相三角形（共晶）($L+α+γ$) の下の広い面 ($α+γ$) に対応する. 一方, ❻-❼ は 3 相三角形（包晶）($L+α+β$) の下の狭い面 ($L+β$) に対応する. ❸-❻ は 4 相平衡 ($L+α+β+γ$) の不変反応の面であり, 水平である. したがって, ❶↘❸→❻↗❼ と変化する.

第 4 層（図 4.46 (d)）❻, ❾ が特異点である. ここで ❾ = ⑨″ である. ❻-❾ は 3 相三角形（共晶）($L+β+γ$) の屋根の面 ($L+β$) である. したがって, ❻↘❾ と降下する.

第 5 層（図 4.46 (e)）では ❺, ❾ が特異点である. ❺-❾ は 3 相三角形（共晶）($L+β+γ$) の下の広い面 ($β+γ$) に対応する. したがって, ❺↘❾ へと降下する.

第 6 層（図 4.46 (f)）では ❷, ❸, ❺, ❽ が特異点である. ここで, ❷-❸, ❺-❽ 三相三角形 ($α+β+γ$) のピラミッドの壁である. したがって ❷↗❸, ❺↘❽ と変化する.

結局, 垂直切断状態図は図 4.47 に示すようになる.

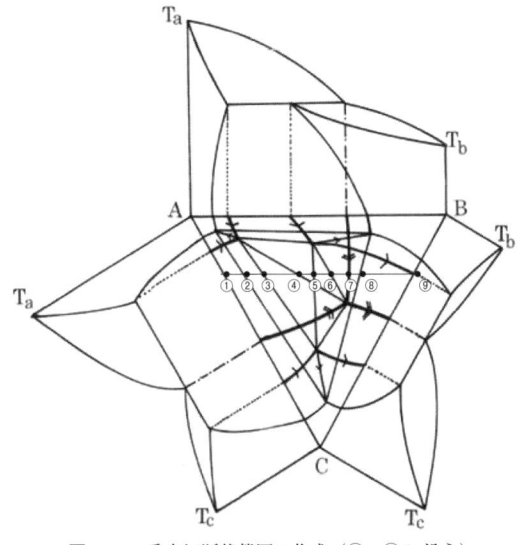

図 4.45 垂直切断状態図の作成（①〜⑨ に沿う）

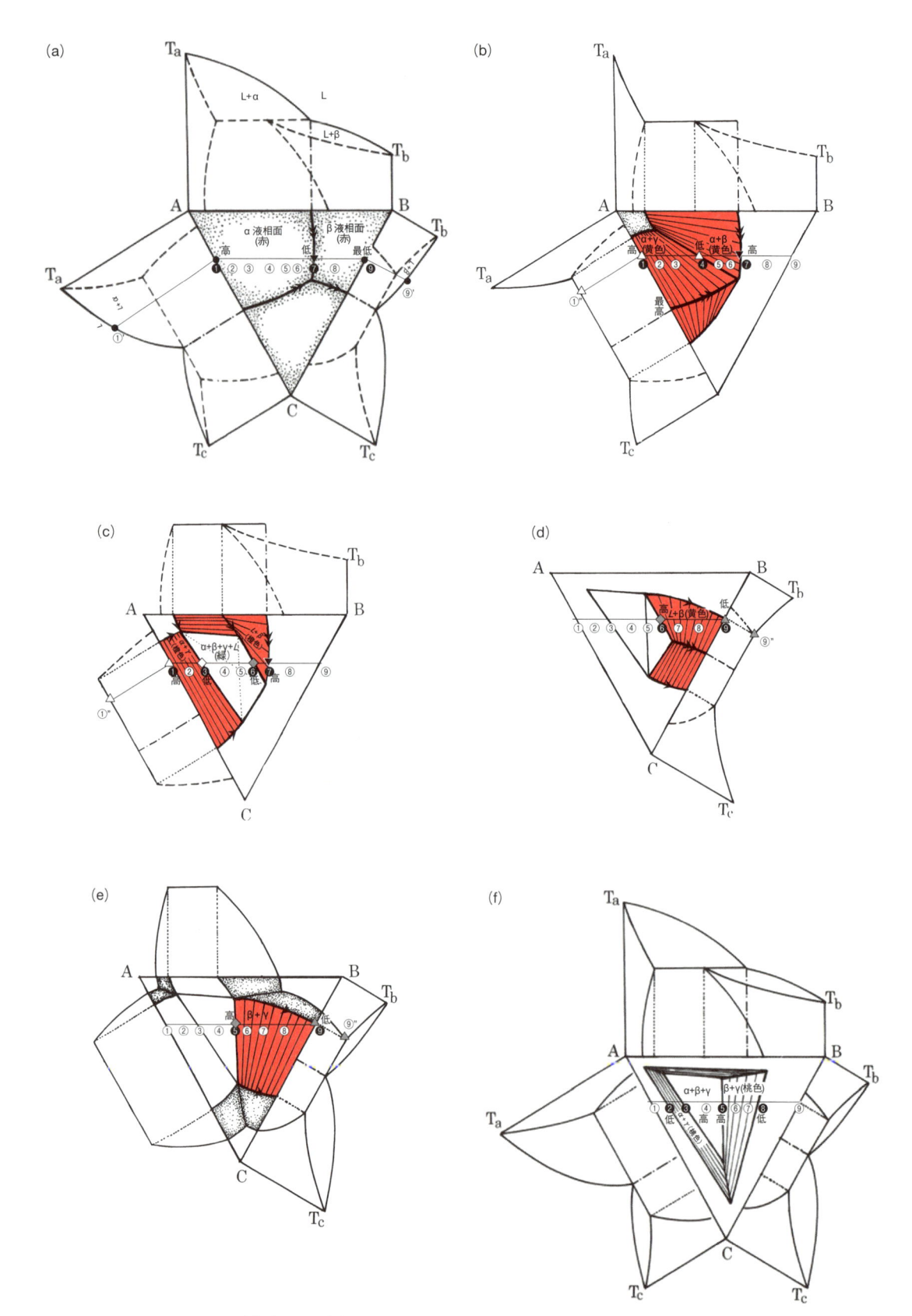

図 4.46 (a) 第1層, (b) 第2層, (c) 第3層, (d) 第4層, (e) 第5層, (f) 第6層

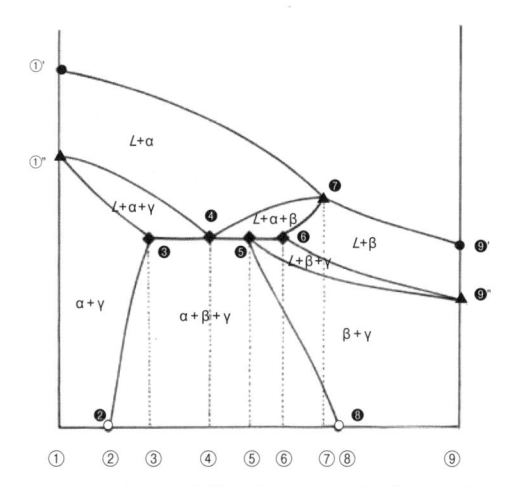

図 4.47 垂直切断状態図（図 4.45 の ①〜⑨ に沿う）

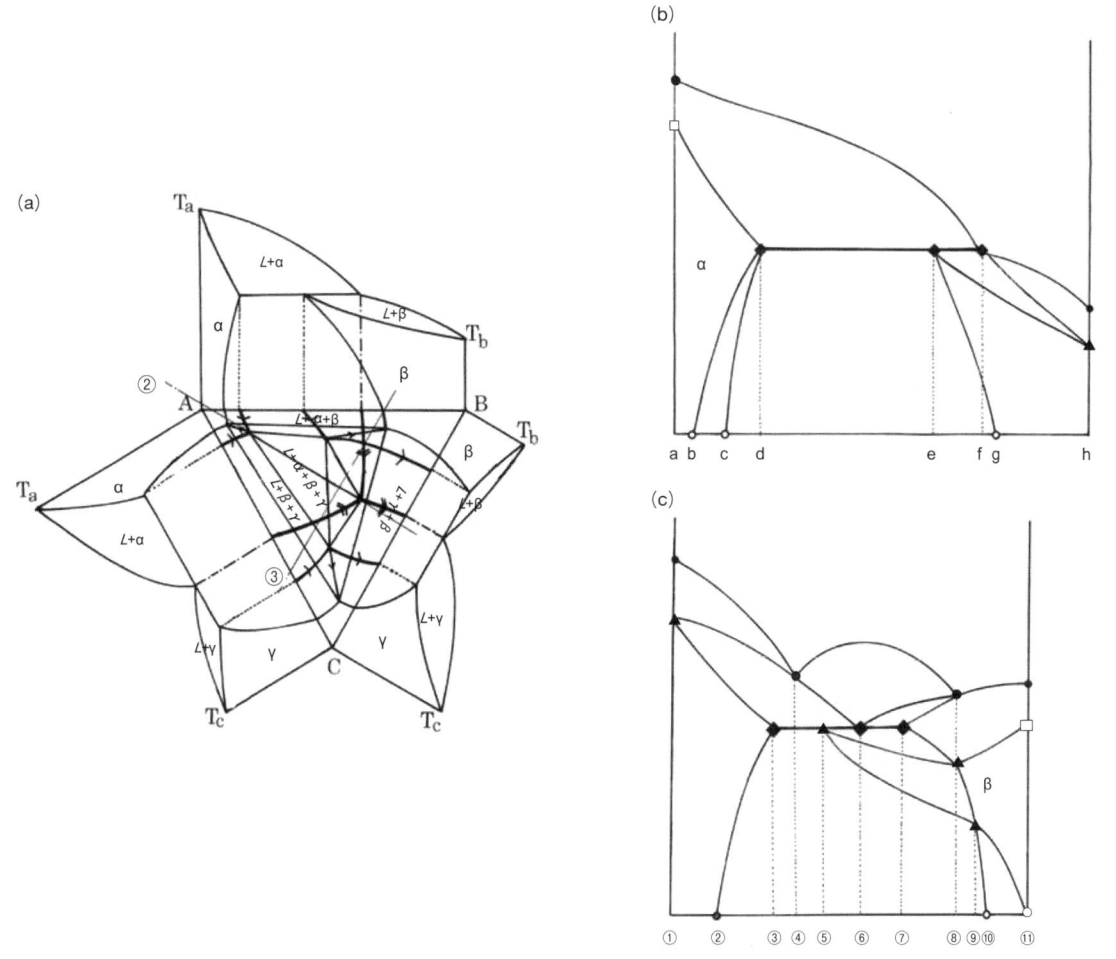

図 4.48 垂直切断状態図の作成
(a) ② および ③ に沿う．(b) ② に沿う．(c) ③ に沿う．

問題 図 4.48 (a) 中の ②，③ に沿う垂直切断状態図は図 4.48 (b)，(c) のごとくなることを確かめよ．(b) では α が (c) では β がすでに記入されているが，それ以外の領域に存在する相名を記入せよ．

4.3.3 ● 3元包共晶（タイプⅢ）

3元包共晶（タイプⅢ）反応の鳥瞰図を図 4.49（a），(b) に，展開状態図を図 4.49（c）に示す．AB 2元系には共晶反応が存在し（図 4.49（a）でハッチングを施してある），BC 2元系，CA 2元系はいずれも包晶反応が存在する（図 4.49（b）でハッチングを施してある）．AB 2元系の共晶反応（$L+\alpha+\beta$）が3元系内部に降下していき，包共晶温度 $T_{pe}^{Ⅲ}$ において，3相三角形（$L+\alpha+\beta$）内部に γ 相が出現する．その後，γ 相は α 相および β 相とそれぞれ包晶反応を形成し，BC, CA 2元系へと降下していく（図 4.49（c））．

高温側から現れる相境界面を順次示したのが，図 4.50（a）～(g) と図 4.51（a）～(g) である．

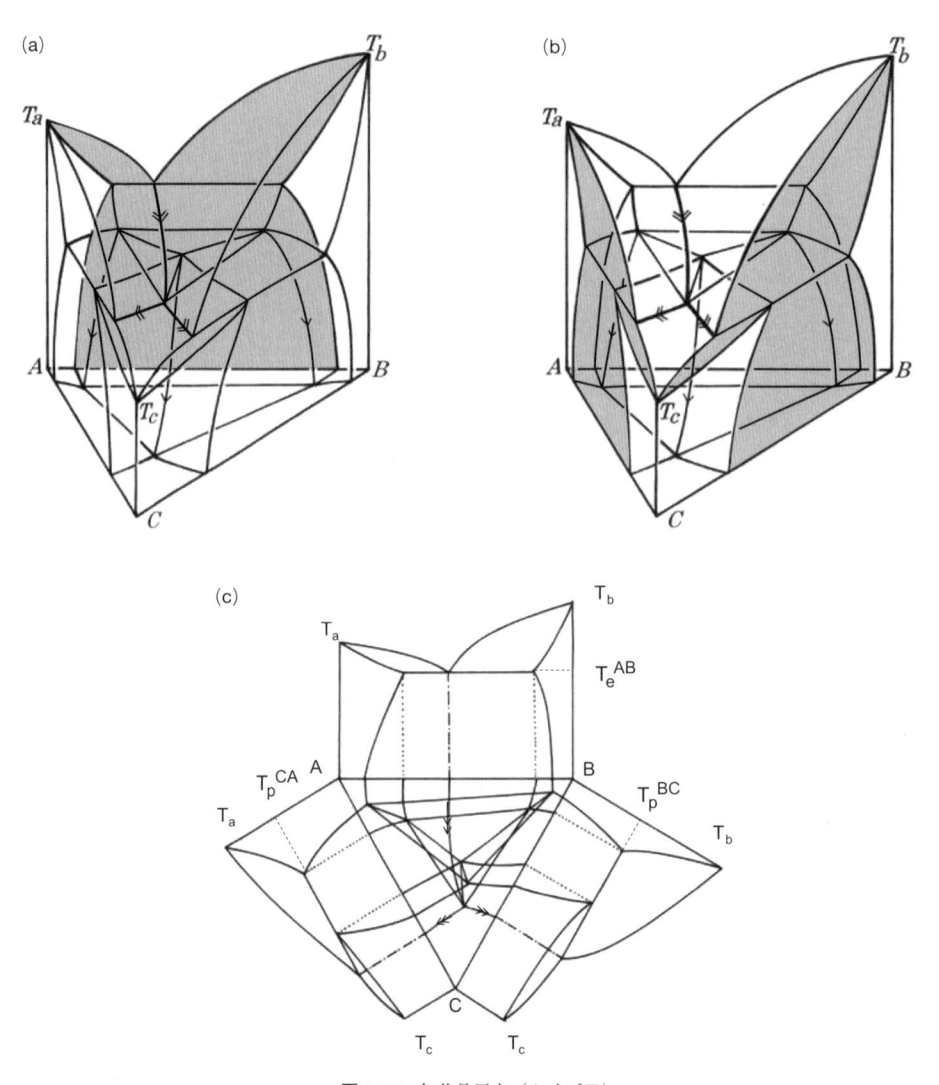

図 4.49 包共晶反応（タイプⅢ）
(a) ハッチングは AB 2元共晶反応を示す．(b) ハッチングは BC および AC 2元包晶反応を示す．(c) 展開状態図．

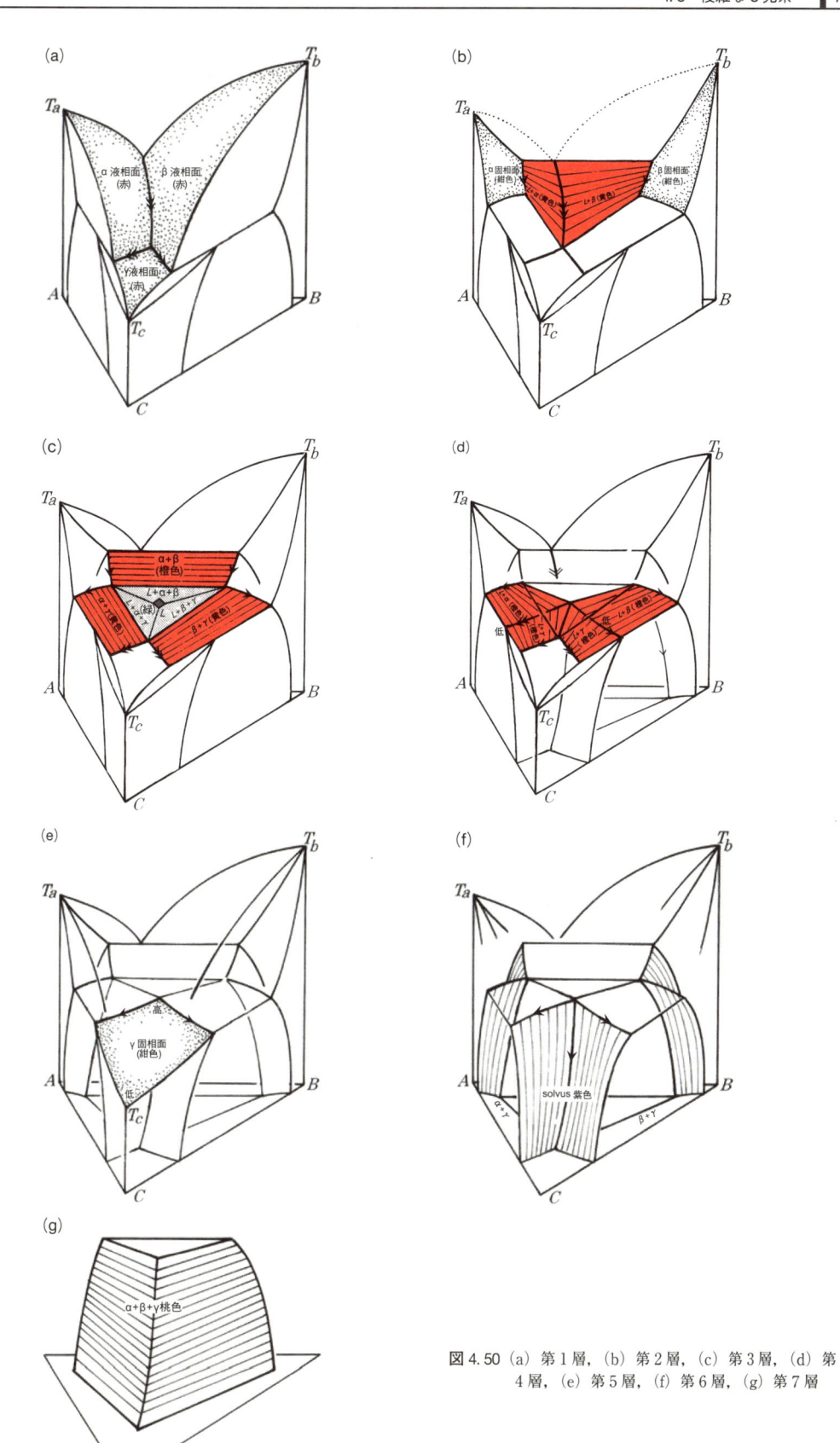

図 4.50 (a) 第1層，(b) 第2層，(c) 第3層，(d) 第4層，(e) 第5層，(f) 第6層，(g) 第7層

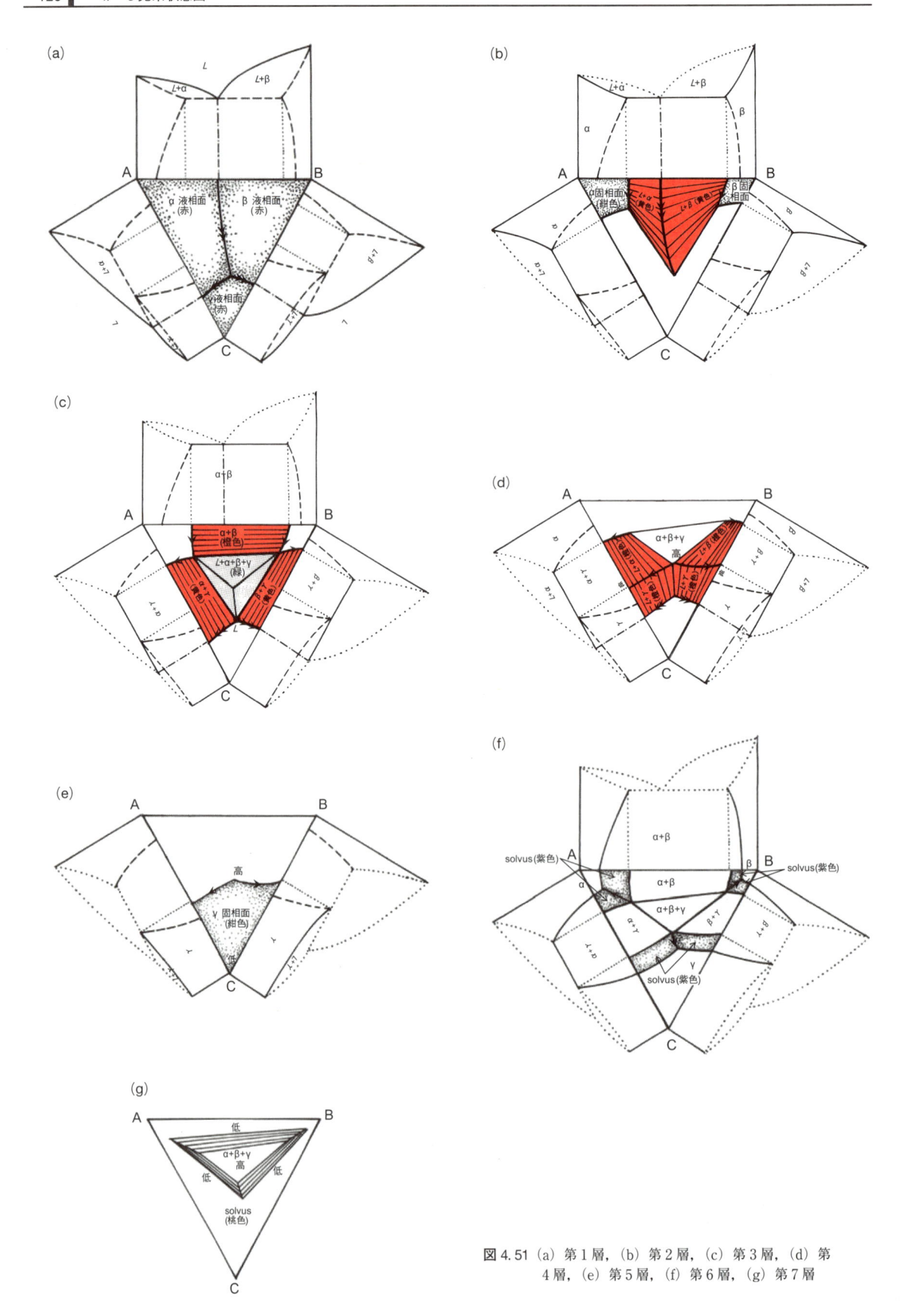

図 4.51 (a) 第1層, (b) 第2層, (c) 第3層, (d) 第4層, (e) 第5層, (f) 第6層, (g) 第7層

▶ a. 等温切断状態図

図 4.52 に示す各温度での等温切断状態図を図 4.53 (a)～(d) に示す．

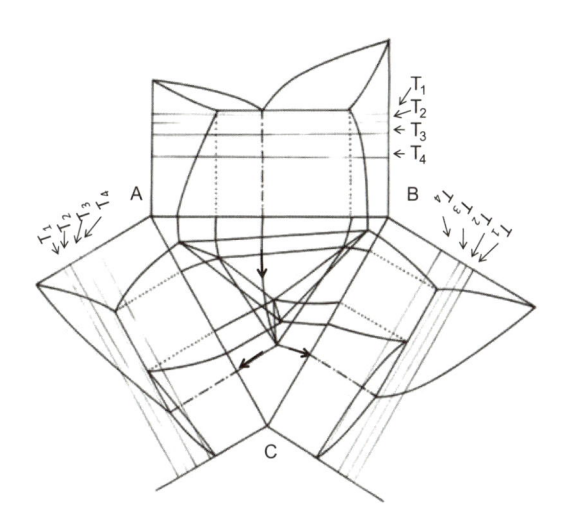

図 4.52 等温切断状態図の作成（T_1～T_4）

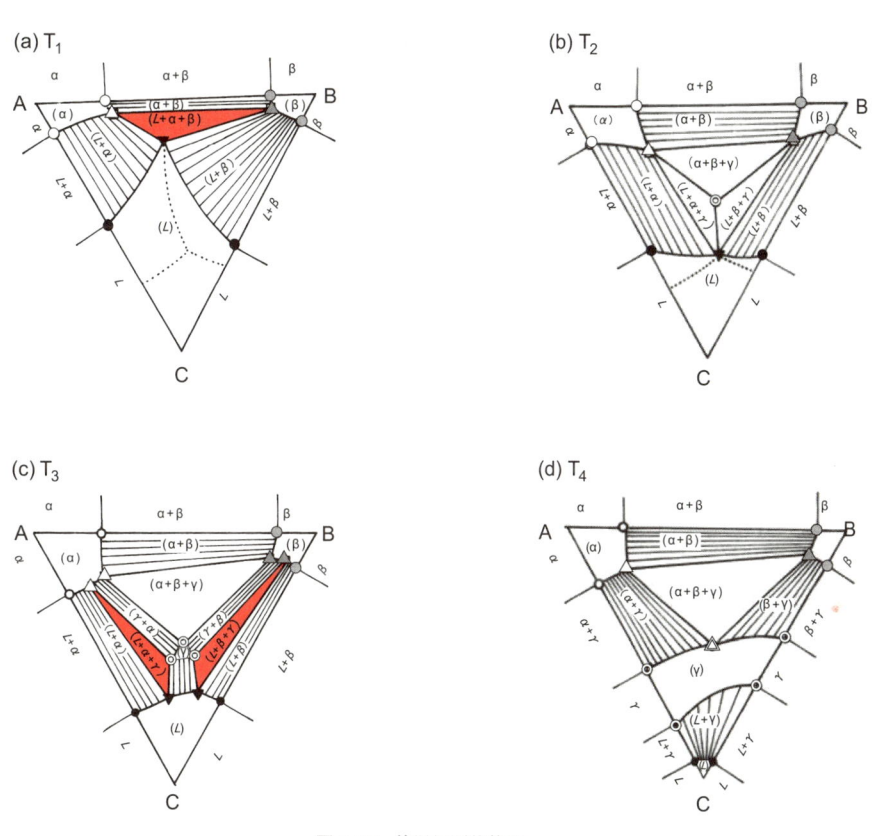

図 4.53 等温切断状態図
(a) T_1, (b) T_2, (c) T_3, (d) T_4.

▶ **b. 垂直切断状態図**

図 4.54 の ①-⑨ に沿う垂直切断状態図を作成しよう．

第 1 層（図 4.55（a））の特異点は❶, ❺, ❾である．ここで，❶＝①′, ❾＝⑨′である．❶-❺ は α 相の液相面，❺-❾ は β 相の液相面である．AB 2 元系の共晶反応を引きずっているので，❶↘❺↗❾のように液相線❺が谷底になる．

第 2 層（図 4.55（b））では❸, ❺, ❼が特異点である．❸-❺ は AB 2 元系の共晶反応（$L+α+β$）の屋根（$L+α$）に対応し，❺-❼ は同じく屋根の（$L+β$）に対応する．したがって，❸↗❺↘❼と❺が頂上になる．

第 3 層（図 4.55（c））では，❶, ❸, ❼, ❾が特異点である．❶＝①″, ❾＝⑨″である．❶-❸ は包晶の 3 相三角形（$L+α+γ$）の上の広い面（$L+α$）で，❼-❾ は包晶三角形（$L+β+γ$）の上の広い面（$L+β$）に対応する．❸-❼ は 4 相平衡の不変系（$L+α+β+γ$）に対応し，水平線となる．したがって，❶↗❸→❼↘❾となる．

第 4 層（図 4.55（d））では，❶, ❹, ❻, ❾が特異点で，❶＝①‴, ❾＝⑨‴である．❶-❹ は包晶 3 相三角形（$L+α+γ$）の下の狭い面（$α+γ$）で，❻-❾ は包晶 3 相三角形（$L+β+γ$）の下の狭い面（$β+γ$）である．したがって，❶↗❹, ❻↘❾となる．

第 5 層（図 4.55（e））では特異点はないのでスキップする．

第 6 層（図 4.55（f））も同様である．

第 7 層（図 4.55（g））では❷, ❹, ❻, ❽が特異点である．ここで，❷-❹, ❻-❽ は 3 相三角形（$α+β+γ$）のピラミッドの壁であり，❷↗❹, ❻↘❽となる．

結局 ① に沿う垂直切断状態図は図 4.56 のようになる．

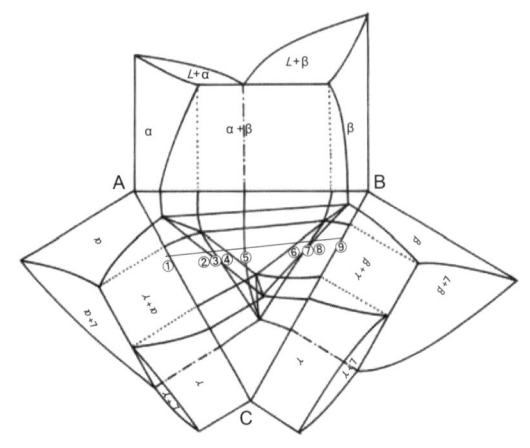

図 4.54 垂直切断状態図の作成（①〜⑨ に沿う）

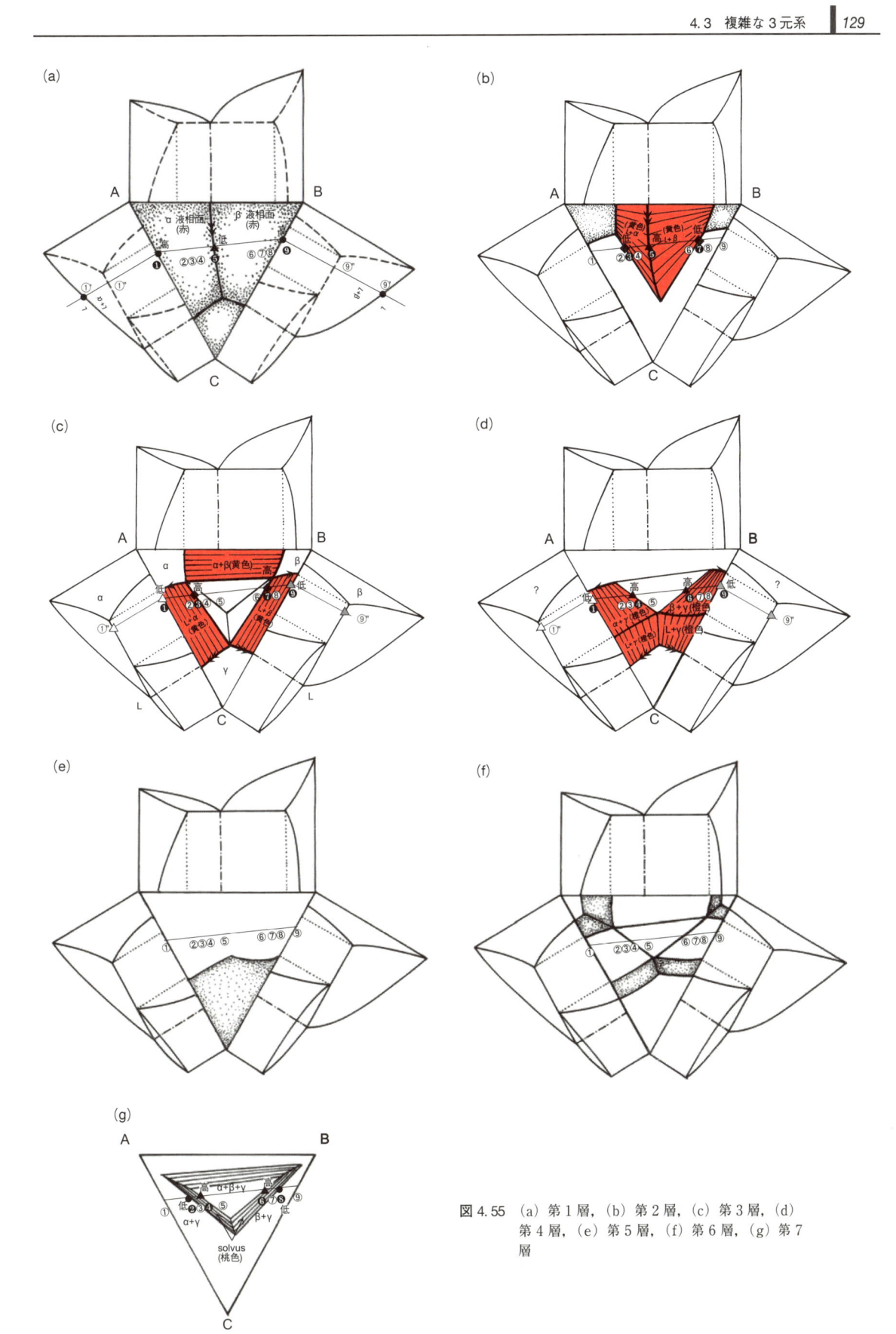

図 4.55 (a) 第 1 層, (b) 第 2 層, (c) 第 3 層, (d) 第 4 層, (e) 第 5 層, (f) 第 6 層, (g) 第 7 層

問 題 図 4.57 の ②,③ に沿う垂直切断状態図を作成せよ（解答は図 4.58 (a), (b)). ここで各領域内に相名を記入せよ.

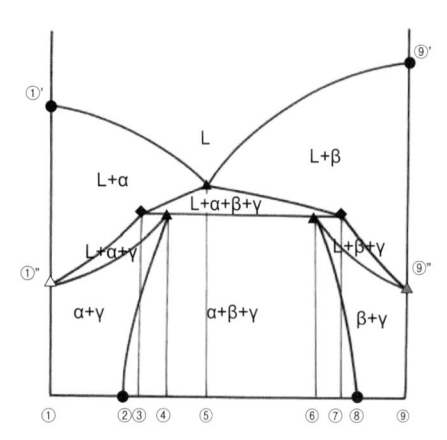

図 4.56 垂直切断状態図 (図 4.54 の ①〜⑨ に沿う)

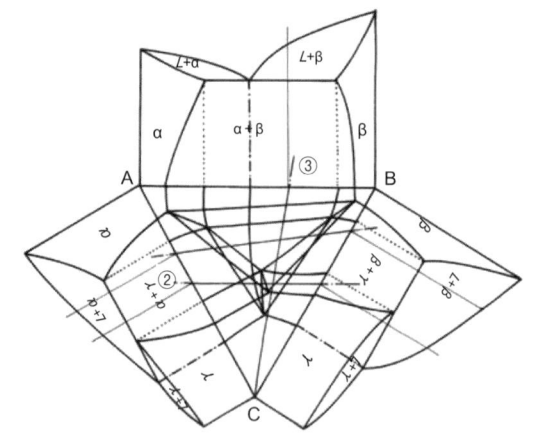

図 4.57 垂直切断状態図の作成 (図 4.53 の ② および ③ に沿う)

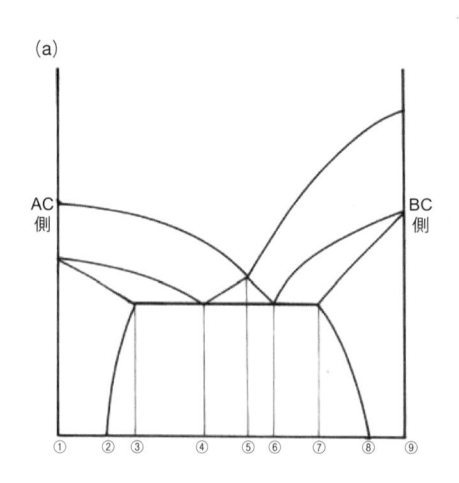

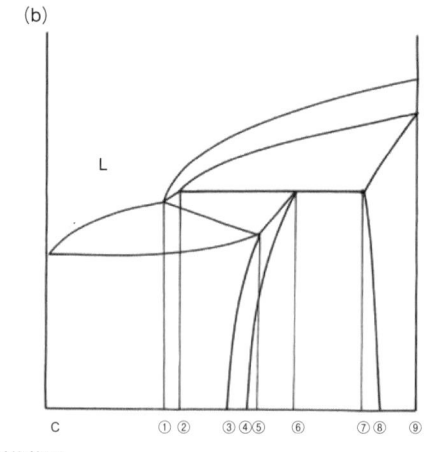

図 4.58 垂直切断状態図
(a) ② に沿う．(b) ③ に沿う．

4.3.4 ● まとめ

AB, BC, CA 2元系がいずれも不変反応を示すとき，ABC 3元系では $(L+\alpha+\beta)$，$(L+\beta+\gamma)$，$(L+\gamma+\alpha)$ の3個の3相三角形が遭遇して $(L+\alpha+\beta+\gamma)$ の不変反応が起きる．このとき，L が $(\alpha+\beta+\gamma)$ の固相の3相三角形内部に存在する場合は3元系共晶となる（図4.59）．L は液相であるため，温度の低下とともに消滅すると，$(\alpha+\beta+\gamma)$ の固相の3相三角形が室温までほぼ垂直に降下する．

L が $(\alpha+\beta+\gamma)$ の固相の3相三角の外側に存在する場合には，包共晶反応となる（図4.60）．この場合，L を含む3相三角形，$(\alpha+\beta+\gamma)$ の固相の3相三角形はいずれも降下するが，液相の L のほうが降下の速度が遅い．

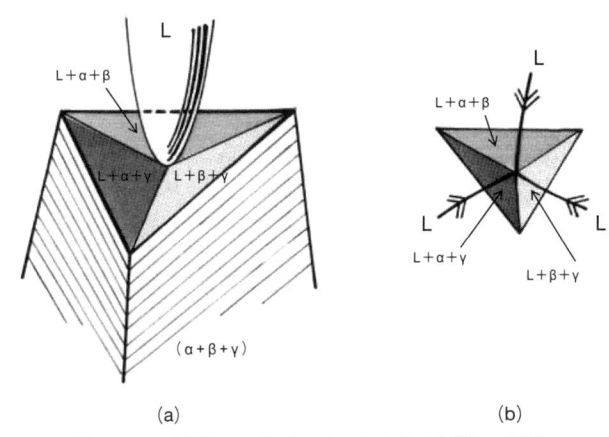

図4.59 3元共晶の L と $(\alpha+\beta+\gamma)$ 3相三角形との関係
(a) は立体的模式図，(b) は平面図．

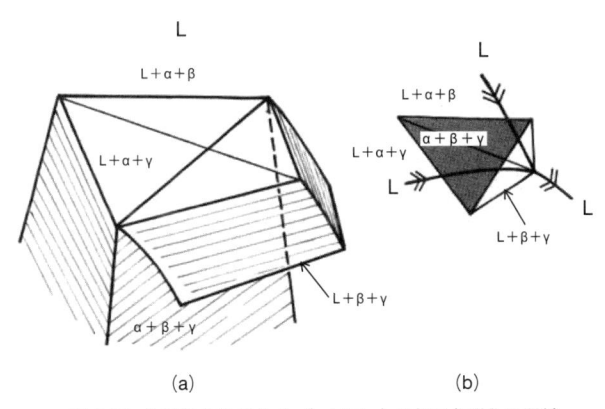

図4.60 3元包共晶の L と $(\alpha+\beta+\gamma)$ 3相三角形との関係
(a) は立体的模式図，(b) は平面図．

4.4 化合物を含む3元系

4.4.1 ● 擬2元系を形成する場合

AB2元系において図4.61示すようなA_mB_nなる化合物が存在するとする.A_mB_nとCの間で図4.62に示すような擬2元系が成立する場合には,図4.63(a)に示すように,A-B-C 3元系はA-A_mB_n-CおよびA_mB_n-B-Cの2つの独立した擬3元系が存在すると考えることができる.図4.63(a)では,液相面の谷を矢印とともに示してある.

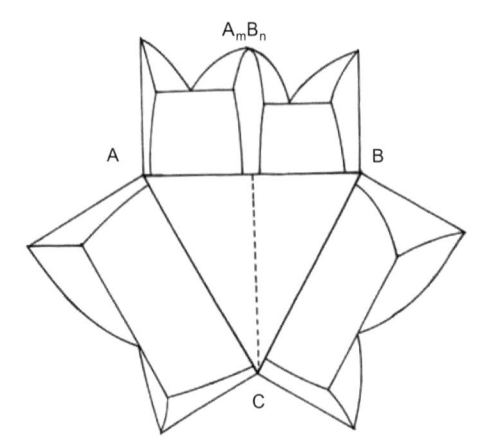

図4.61 AB2元系に自己の融点をもつ金属間化合物A_mB_nが存在する場合

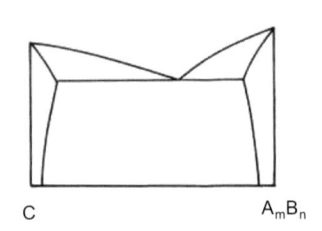

図4.62 金属間化合物A_mB_nとCとの間で擬2元系が存在する場合

(a) (b)

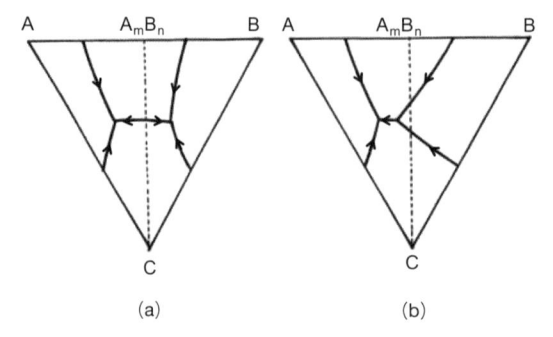

図4.63 AB2元系に自己の融点をもつ金属間化合物A_mB_nが存在する場合
(a) 金属間化合物A_mB_nとCとの間で擬2元系が存在する場合.(b) 金属間化合物A_mB_nとCとの間で擬2元系が存在しない場合.

4.4.2 ● 擬2元系を形成しない場合

この場合には A-A_mB_n-C および A_mB_n-B-C 系の α あるいは β の液相面のいずれかが隣接する擬3元系に流れ込み,図4.63（b）に示すようになり,A-A_mB_n-C および A_mB_n-B-C 系は独立した擬3元系としては取り扱うことができない.

さらに複雑な場合を図4.64に示す.ここでは,液相面の谷は包共晶反応,P_1,P_2 を経て互いに合流し,最終的には E において3元共晶反応に至る.

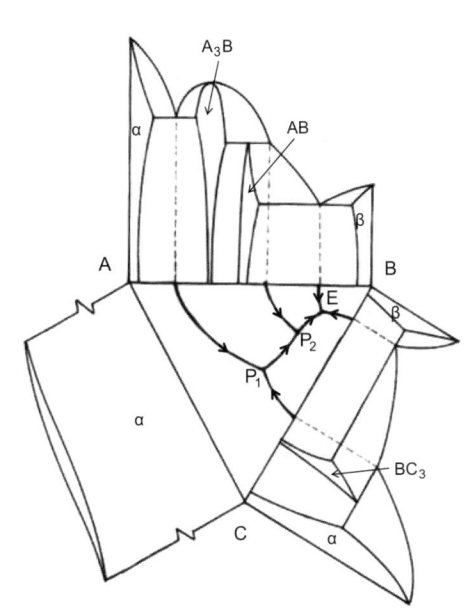

図4.64　複雑な3元系の例
矢印は液相面の谷（L）の流れを表す.

付　　　録

A　ギリシャ文字と相

大文字	小文字	読み	例
A	α	アルファ	α-Fe, α-CuZn, α-Sn
B	β	ベータ	β-CuZn, β-Sn
Γ	γ	ガンマ	γ-Fe, γ(Ni), γ′(Ni$_3$Al), Γ(Fe$_3$Zn$_{10}$)（キャピタルガンマ）, Γ′(FeZn$_4$ または Fe$_5$Zn$_{21}$)
Δ	δ	デルタ	δ-Fe, δ$_{1k}$(FeZn$_7$), δ$_{1p}$(FeZn$_{10}$)
E	ε	イプシロン	Fe$_2$C, ε-マルテンサイト
Z	ζ	ゼータ	FeZn$_{13}$
H	η	エータ	
Θ	θ	シータ	Fe$_3$C(セメンタイト), Al$_2$Cu
I	ι	イオタ	
K	κ	カッパ	
Λ	λ	ラムダ	
M	μ	ミュー	
N	ν	ニュー	
Ξ	ξ	クシー, グザイ	
O	o	オミクロン	
Π	π	パイ	
P	ρ	ロー	
Σ	σ	シグマ	Fe-50 at% Cr
T	τ	タウ	
Y	υ	ウプシロン	
Φ	φ	フィー, ファイ	
X	χ	カイ	
Ψ	ψ	プシー, プサイ	
Ω	ω	オメガ	Ti 合金

B　代表的な合金名

▶　鉄　鋼

・普通鋼（plain steel）：Fe-C 2 元系の鉄鋼.
・IF 鋼（interstitial free 鋼の略）：鉄鋼中の主な格子間原子（interstitial atoms（図 1.6 参照））である炭素（C）と窒素（N）を含まない（free）鋼という意味．実際には C, N との親和力が大きい Nb, Ti を適量添加して，Ti (C, N), Nb (C, N) のような化合物を生成，分散させ，マトリックスから C, N を除去した鋼．

- 特殊鋼（special steel または alloy steel）：合金元素を添加した鋼．したがって 3 元系以上の多元系になる．
- ステンレス鋼（stainless steel）
  ⅰ）SUS 304（サス 304）：準安定オーステナイト系ステンレス，18 Cr-8 Ni．Ni を含む高級ステンレス鋼．非磁性．変形，サブゼロ処理（低温に冷やす）するとマルテンサイト変態を起こす．
  ⅱ）SUS 316（サス 316）：安定オーステナイト系ステンレス，18 Cr-12 Ni に（2〜3%）Mo を添加して耐食性をもたせた高級ステンレス鋼．SUS 304 よりもマルテンサイト変態に対してオーステナイトが安定である．
  ⅲ）SUS 316L（サス 316 L）：SUS 316 の極低炭素鋼．
  ⅳ）SUS 430（サス 430）：フェライト系ステンレス．18 Cr，強磁性．
  ⅴ）PH ステンレス鋼（precipitation hardened stainless steel の略）：17-7 PH（17 Cr-7 Ni-1 Al．金属間化合物相 NiAl の析出によって強化），17-4 PH（17 Cr-4 Ni-4 Cu．Cu の析出によって強化）．
- マルエージング鋼（maraging steel）：マルテンサイト（martensite）の状態で時効（aging）することによって得られる強靭な鋼．代表的な組成は極低炭素の 18% Ni，〜8% Co，〜4% Mo で，これに微量の Ti，Al を含む．極低炭素のため，焼き入れ状態でのマルテンサイトは軟らかく，加工が容易である．その後の時効によって，Ni_3Mo，Fe_2Mo，γ'-Ni_3(Ti, Al) などが析出し，使用状態では強度が増加する．
- ハッドフィールド鋼（(10〜13% Mn を含む鋼）：耐摩耗性が大きく，破砕機の刃に用いられる．
- 高速度鋼（ハイス）：タングステン，クロム，バナジウム，コバルトなどを大量に含む工具鋼．高速度での切削が可能なために高速度鋼と呼ばれる．ハイスは high-speed の略．
- GA（galvannealed）鋼板（合金化溶融亜鉛メッキ鋼板）：溶融した亜鉛浴中に鋼板を浸漬し，表面に Fe-Zn 間の金属間化合物（付録 C 参照）を生成させた表面処理鋼板．自動車のほか洗濯機などいわゆる白物家電に大量に使用されている．
- ピアノ線（patented wire）：共析鋼（〜0.8 wt.% C）にパテンティング（patenting）という熱処理を施し，微細パーライト組織にした後，強加工した線材．ピアノやギターの絃として使用されるため，ピアノ線と呼ばれるが，その他にもバネ材として広く使用されている．
- 鋳鉄：本文 p.49 を参照．

▶ **銅合金**

- 青銅（bronze）：Cu-Sn 合金．
  貨幣，賞牌（オリンピックの銅メダルは Copper ではなく Bronze である），工芸用のほか，梵鐘に用いられる．
- 砲金（gun metal）：青銅の一種，大砲に用いられた．

- りん青銅：P（りん）を 0.03～0.35％含む青銅．バネあるいはスプリング材として使用される．
- 黄銅（真鍮）(brass)：Cu-Zn 合金，α黄銅は 70％ Cu-30％ Zn（7-3 黄銅，FCC），β黄銅は 60％ Cu-40％ Zn（4-6 黄銅，BCC または B2）の 2 種類がある．
- アルミ青銅：Cu-Al 合金，金色を呈する．
- 洋白，洋銀 (German silver)：Cu-Ni-Zn の 3 元合金，白色を呈し装飾器具に用いられる．

▶ **アルミニウム合金**
- ジュラルミン：最初に発明された析出硬化型の Al 合金．Al：94～94.5 wt.％，Cu：4 wt.％，Mg：0.5 wt.％，Si：0.3～0.5 wt.％，Mn：0.5 wt.％，Fe：0.3～0.6 wt.％．
- 超ジュラルミン：ジュラルミンのうち，Mn または Mg をやや多量に含む合金．時効硬化特性に優れている．
- 超々ジュラルミン：引張強度が 55 kg/mm² 以上のジュラルミンをさす．Zn を約 10％含む[*1]．

▶ **その他**
- 軟ろう（半田）
 i ）共晶半田：Pb-Sn 2 元合金．融点は 183～250℃．
 ii）無鉛半田 (Pb-free 半田)：Ag-Sn 系，Cu-Ag-Sn 系など Pb を含まない半田．
- 硬ろう（硬質半田）
 i ）黄銅ろう：42％ Cu，58％ Zn．
 ii）銀ろう：50％ Cu，46％ Zn，4％ Ag．
 iii）洋銀ろう：35％ Cu，57％ Zn，8％ Ni．
- ニチノール（Ni-50 at.％ Ti，形状記憶合金）：形状記憶合金．
- ウッドメタル (Wood's metal)：低融点合金で組成は，27 wt.％ Pb-13 wt.％ Sn-5 wt.％ Bi-13 wt.％ Cd．融点は 65℃でお湯で融ける合金として有名．
- ピューター（錫合金）(Pewter)：装飾品，食器用の Sn 基合金．

C 合金発明物語

▶ **ジュラルミン**

ドイツのデューレン（Dueren．アーヘンの近く）の冶金学者 Alfred Wilm は Al 合金の強度を向上させる目的で Cu その他の微量元素の添加の影響を研究していた．1906 年の 8 月のある金曜日に 3.5％ Cu＋0.5％ Mg を含む合金を熱処理後焼き入れした．結果はさして面白いものではなかった．週明けに測定結果を改めて見直したところ測定の精度に疑義がさしはさまれた．そこで同じサンプルを再度測定したところ，驚いたことに硬

*1) 住友金属の五十嵐勇博士の発明による（1936 年）．太平洋戦争中，零式艦上戦闘機（いわゆる「ゼロ戦」）に使用された．撃墜したゼロ戦から，この強力合金が使用されていることを知った米軍が驚愕したといわれている．身近なところでは，金属バットに今も使用されている．

度，強度ともに格段に増加していた．これが時効現象の発見である．1909年 Wilm は Dueren の Duerener Metal Works に専売権を売却した．これが Dueren の Aluminium（Duralumin）の名称の由来である（W. Alexander and A. Street, "Metals in the service of man", Penguin Books Ltd., Harmondsworth, 1956 による）．

▶ ステンレス鋼

1913年シェフィールドの Harry Brearley は銃身用の合金鋼の研究を行っていた．不合格と判断してスクラップにした合金のなかに，14% Cr 鋼が含まれていた．数ヵ月後，雨ざらしになっていたスクラップのなかでくだんの 14Cr 合金鋼のみが錆びていないことに気がついた．これがステンレス鋼の開発の始まりである（W. Alexander and A. Street, "Metals in the service of man", Penguin Books Ltd., Harmondsworth, 1956 による）．

▶ NiTi 合金の形状記憶効果の発見

William J. Buehler（Naval Ordnance Laboratory：NOL）が NiTi の発見者である．弾道ミサイルの先端部用の材料開発に従事し，耐衝撃性と延性のある金属間化合物の探索をしていた．状態図と文献や推論により12種類に絞り込み，1959年に等原子比 NiTi が最も耐衝撃性と高延性を有することを確かめるに至った．彼は，6個の等原子比 NiTi インゴットを作製し，衝撃性の確認のために，最も冷たくなったインゴットをコンクリートの床に落とした．すると，鉛を落としたときのような鈍い音がし，防振効果があることを確認できた．そこで，温度の高いインゴットを落とすと，鐘のような金属音がした．次にそのインゴットを水に入れて冷ました後に床に落とすと，鈍い音がした．さらにこのインゴットを沸騰水に入れた後に落とすと，再び金属音がした．このことで，わずかの温度変化で変態が起こり結晶構造が変わっていると結論した．

1960年に彼は，NiTi が耐疲労特性がよいことを示すために，0.25 mm の薄板を用意してアコーディオンのように変形しては伸ばすことを繰り返しても破断しないことを見せた．室温であるから柔らかいマルテンサイト相で変形したことになる．この段階ではまだ，変形してから暖めると元の形に戻るという形状記憶効果は確認されていなかった．

1961年に研究所内で進行中の研究を検討するための会議が開かれた．Buehler はこの会議に参加できなかったので，彼の助手を参加させた．この助手は NiTi の薄板を会場に持ち込み，彼の発表中にアコーディオン状の形状にして会場に回した．会場の一人がパイプ喫煙者で，圧縮されてアコーディオン状になった板をライターで暖めた．誰もが驚いたことに，板は真っ直ぐに伸びていった．これで形状記憶効果が発見された．この話の通りだと，形状記憶効果を初めて見たのは，NiTi 合金の開発者の Buehler 自身ではなかったことになる（宮崎修一博士による）．

索　引

ア　行

IF 鋼　135
亜共晶合金　19
油焼入れ　38
アルミ青銅　137
アルミニウム合金　137
安定平衡状態　37

異相平衡の条件　67
1 次固溶体　26, 38
1 方向凝固　20
$\varepsilon\text{-Fe}_2\text{C}$　59

ウィードマンシュテッテン
　　（Widmanstätten）模様　1
ウッドメタル　137

$A_0 \sim A_4$, A_{cm}　48, 49
永久歪　57
液相
　　——のエントロピー　79
　　——の凝集エネルギー　79
　　——の自由エネルギー　79
液相線　91
液相面　91, 96
液体封止チョクラルスキー
　　（Czochralski）法　22
H バンド　64
エピタキシャル　39
Fe_2C（ε 相）　59
Fe_3Al 型　6
Fe_3C　59
FZ-Si　22
$L1_0$　6
$L1_2$　6
$L2_1$　6
LEC 法　22
エントロピー　28, 73, 77
エンブリオ　46, 81

黄銅　137

黄銅ろう　137
応力-歪曲線　56
応力誘起マルテンサイト　85
オーステナイト　48, 49
オロワン（Orowan）のバイパス
　　機構　45
温度-時間-変態（TTT）図　59, 60

カ　行

回復　43
界面エネルギー　81
界面転位　39
火炎焼入れ　64
化学組成　2, 3
化学ポテンシャル　8, 9, 67, 69, 70
化学量論組成　26
過共晶合金　19
核　45
核形成　80
拡散　32, 45
撹拌　32
加工硬化　65
加工誘起マルテンサイト　54
加工誘起マルテンサイト変態　55
過時効　45
過時効軟化　45
加成型不変系反応　26
硬さ　51
加熱曲線　14
過飽和固溶体　38
過冷却度　61, 82
ガンマプライム　40

擬 3 元系　132
規則-不規則遷移（変態）　6
規則化　28
規則合金　6, 27, 28
規則格子　6
擬弾性　56, 57
擬 2 元系　26, 132
ギブス（Gibbs）
　　——の三角形　87

　　——の自由エネルギー　73
　　——の相律　8
球状化黒鉛鋳鉄　50
急冷　38
キュリー（Curie）点（温度）　4
凝固　4
凝集エンタルピー　73, 75
凝縮系　4
共晶　23
共晶型　95
共晶合金　16, 33, 73
共晶組織　17
共晶半田　137
共析　23
共析反応　22
共通接線　70, 71
共通接線の法則　69, 81
強度の逆温度依存性　41
共役三角形　88
共役四角形　89
共役線　12, 88
均質核形成　81
金相学　2
金属間化合物　6, 26
金属組織学　2
銀ろう　137

空間図形　90
空冷　38
駆動力　61
クラスター　28
Greninger-Troiano の関係　53
Kurdjumov-Sacks の関係　53

系　3
傾斜機能材料　65
形状記憶効果　56, 138
結合エネルギー　74
結晶学的方位関係　52
結晶構造　2, 4
結晶粒　2
結晶粒界　2

原子濃度 3

恒温切断状態図 91,98
合金 3
合金元素 48
合金鋼 48,64
格子間原子型固溶体 5
高周波焼入れ 64
合成 26
高速度鋼 136
硬度 51
降伏 56
降伏点現象 56
硬ろう 137
黒鉛 48,49
固相線 91
固相面 91,96
固溶限 5
固溶体 4
固溶体硬化 44
固溶度線 27
congruent 26

サ 行

再融 23
サブゼロ処理 55
サーメット 41
3元共晶 110
3元共晶温度 110,114
3元共晶反応 133
3元全率固溶体合金 93
3元包共晶（タイプⅡ） 117
3元包共晶（タイプⅢ） 124
3相三角形 95-98,100,102,110
残留オーステナイト 54

GA鋼板 136
磁気変態 4
軸比 51
時効 38
時効温度 39
時効曲線 44
時効硬化 39
CCT図 59,63
CZ-Si 21
自然時効 39
自然冷却 32
θ-Fe_3C 59
θ($CuAl_2$)相 38

質量濃度 3
GPゾーン 41,42
自由エネルギー 28,67,70,71
自由エネルギー／組成曲線 69, 71-73,80
自由度 8
重量濃度 3
Cu_3Au 28
Cu_3Au型 6
CuAuⅠ 28
CuAuⅠ型 6
CuAuⅡ 28
ジュラルミン 137
準安定析出相 41
準安定平衡 30,48
準安定平衡状態 37
準整合 39
庄司-西山の関係 54
晶出 18,38
状態図 2
焼鈍 60
焼鈍双晶 53,54
晶癖面 52,54
初晶 18
ショットピーニング 65
ジョミニー（Jominy）の一端焼入れ試験 63,64
徐冷 38
示量性状態量 68
人工時効 39
侵炭・窒化法 65
侵炭法 64
真鍮 137
侵入型固溶体 5

垂直切断状態図 91,98,101,108, 115,121,123,128,130
錫のペスト 4
ステンレス鋼 136,138
スピノーダル分解 45,46,80,81
すべり 53

整合 39
整合双晶界面 53
青銅 136
成分 3
析出 38
析出硬化 39,44
析出シーケンス 42
析出のシーケンス 41

析出物 38
切断状態図 90
セメンタイト 48
セラミックス 58
遷移相 84
潜熱 15
潜伏期間 45,81
全率固溶合金 32
全率固溶体 14,72

相 3
双結晶 21
相互作用パラメータ 75
相図 2
相変態 4
相律 89
塑性変形 57
solvus 17,27

タ 行

体心正方晶 51
体心立方 4
帯溶融 22
耐力 57
多結晶 2
多相合金 2
種結晶 21
単位格子 4
単位胞 4
単結晶 2
弾性限界 56
単相 2

置換型固溶体 5,73
　――の凝集エンタルピー 74
　――の自由エネルギー 77
窒化 65
中間相 26,38
鋳鉄 49,136
超合金 41
超硬合金 41
超格子 6
超ジュラルミン 137
超耐熱合金 41
超弾性 57
超々ジュラルミン 137
チョクラルスキー（Czochralski）法 21
DO_3 6

TTT 図　59, 60
定比　26
鉄鋼　135
鉄鋼材料　47
鉄-炭素系状態図　47
転位　44, 52
展開状態図　95, 98, 102, 110, 117, 124
天秤の法則　12, 13, 88

等温切断状態図　91, 98, 106, 113, 120, 127
銅合金　136
同素変態　4
特殊鋼　47, 64, 136

ナ 行

内部エネルギー　74
ナノインデンテーション　62
軟ろう　137

NiTi 合金　138
2 次硬化　60
西山の関係　53
2 相分離　27, 28, 46
ニチノール　137
日本刀　65

ヌープ（Knoop）　62

熱間鍛造　65
熱処理　37
熱的揺らぎ　45
熱分析　14
熱変態　4

濃度　3

ハ 行

配位数　75
ハイス　136
配置のエントロピー　76
灰鋳鉄　50
バイノーダル分解　47, 81
白鋳鉄　50
バーコビッチ（Berkovich）　62
肌焼き鋼　64
ハッドフィールド（Hadfield）鋼　55, 136
パーライト　48, 49

半田　137

B2　6
ピアノ線　136
歪誘起マルテンサイト変態　55
非整合　39
非整合双晶界面　53
ビッカース（Vickers）　62
ピューター　137
表面起伏　52
比例限界　56

不安定平衡　37
フェライト　49
不規則合金　6
不均質核形成　83
復元　43
複合材料　41
不整合　39
普通鋼　47, 135
フック（Fooke）の法則　56
不定比　26
部分安定化ジルコニア　58
部分整合　39
不変系　10, 12, 17
ブリジマン（Bridgman）法　20
ブリネル（Brinell）　62
フローティングゾーン法　21
分解型不変系反応　24

平衡　8
平衡状態図　2
ベイン（Bain）の関係　50, 53
変形双晶　53, 53
偏晶　23
偏析　32
変調組織　47

ホイスラー（Heusler）合金　6
方位　2
方位関係　53
包共晶反応　133
砲金　137
方向凝固　20
包晶　26
包晶型　102
包晶合金　33
包晶反応　24, 26
包析　26
horizontal arrest　15

マ 行

マルエージング鋼　136
マルテンサイト　50
マルテンサイト変態　50, 52, 85

水焼入れ　38

無鉛半田　137
無拡散変態　50, 56

面心立方　4

モット-ナバロ（Mott-Nabarro）の説　45

ヤ 行

焼入れ　50, 60
焼入れ硬化　50, 60
焼入れ性の改善　55
焼なまし　→　焼鈍
焼ならし　60
焼戻し　59, 60
ヤング（Young）の関係　83

融解　4
有核組織　32

溶解限　5, 78
洋銀　137
洋銀ろう　137
溶質　4
溶体　5
溶体化処理　38
溶媒　4
洋白　137

ラ 行

Richards の関係　79
理想溶体　28
臨界温度　78
臨界核　82
臨界核形成エネルギー　82
臨界半径　82

冷却曲線　14
レーザ焼入れ　64
レーデブライト　49
連続冷却変態（CCT）図　59, 63

ロックウェル（Rockwell） 62　　六方最密充填 4　　炉冷 38

著者略歴

坂　　公恭　（さか　ひろやす）
1941年　奈良県に生まれる
1969年　名古屋大学大学院工学研究科博士課程修了
1977年　英国オックスフォード大学材料科学科留学
　　　　（ブリティッシュカンセル），Professor Sor Peter Hirsch ならびに Professor J.W. Christian と共同研究を行う
　　　　名古屋大学助手，助教授，教授を経て
現　在　名古屋大学名誉教授
　　　　名古屋大学エコトピア科学研究所特任教授
　　　　工学博士
著　書　『結晶電子顕微鏡学』内田老鶴圃（1997年）
受　賞　本多記念賞（2011年）

材料系の状態図入門

定価はカバーに表示

2012年2月25日　初版第1刷
2024年1月25日　　　第12刷

著　者　坂　　公　恭
発行者　朝　倉　誠　造
発行所　株式会社　朝倉書店

東京都新宿区新小川町 6-29
郵便番号　162-8707
電　話　03(3260)0141
FAX　03(3260)0180
https://www.asakura.co.jp

〈検印省略〉

© 2012 〈無断複写・転載を禁ず〉　　　　Printed in Korea

ISBN 978-4-254-20147-5　C 3050

JCOPY 〈出版者著作権管理機構　委託出版物〉

本書の無断複写は著作権法上での例外を除き禁じられています．複写される場合は，そのつど事前に，出版者著作権管理機構（電話 03-5244-5088, FAX 03-5244-5089, e-mail: info@jcopy.or.jp）の許諾を得てください．

前東京理科大 小原嗣朗著

基礎から学ぶ金属材料

24019-1 C3050　　A5判 272頁 本体3800円

好評の「金属材料概論」を全面的に改訂。巻末に多数の演習問題を掲載〔内容〕結晶構造／弾性・塑性・靱性／拡散・再結晶・析出・焼結／酸化・腐食／実用上重要な性質／相律および状態図／実用合金／鋼の熱処理／より理解するための100問他

松原英一郎・田中 功・大谷博司・安田秀幸・沼倉 宏・古原 忠・辻 伸泰著

金属材料組織学

24018-4 C3050　　A5判 212頁 本体2800円

材料組織学の基礎事項を平易かつ系統的に解説する初学者向け標準的教科書。学部での2学期講義に最適。〔内容〕結晶の構造／格子欠陥／状態図／凝固／拡散／拡散変態および析出／マルテンサイト変態／回復・再結晶・粒成長／材料の複合化

前東大 竹内 伸・東大 枝川圭一・東北大 蔡 安邦・東大 木村 薫著

準結晶の物理

13109-3 C3042　　B5判 136頁 本体3500円

結晶およびアモルファスとは異なる新しい秩序構造の無機固体である「準結晶」の基礎から応用面を多数の幾何学的な構造図や写真を用いて解説。〔内容〕序章／準結晶格子／準結晶の種類／構造／電子物性／様々な物性／準結晶の応用の可能性

元都立大 宮川大海・前都立大 坂木庸晃著

金属学概論

24009-2 C3057　　A5判 256頁 本体4400円

これからの機械技術者に必要な金属学の知識を簡潔・平易にバランスよく解説した学生のテキスト。〔内容〕金属・合金の結晶構造／拡散／合金の平衡状態図／金属のミクロ変形と転位／金属の強化機構／金属の変形と温度／鋼の熱処理／破壊／他

村上陽太郎・亀井 清・長村光造・山根壽己編

金属材料学

24014-6 C3050　　A5判 216頁 本体4500円

金属・材料系学生を対象にわかりやすく解説。〔内容〕〈I構造用材料〉Fe, Cu, Alなど各種金属とその合金／〈II機能性材料〉電気・電子材料／磁性材料／アモルファス材料／超伝導材料／エネルギー関連材料／形状記憶材料／制振材料／他

元都立大 宮川大海・首都大 吉葉正行著

金属材料通論

23055-0 C3053　　A5判 248頁 本体3900円

〔内容〕金属材料の基礎／機械的性質と強化法／疲れと低高温での機械的性質／鉄鋼の基礎／鋼の熱処理／構造用鋼／鋳鋼／展伸用銅と銅合金／展伸用Alとal合金／鋳物用非鉄金属材料／工具・軸受・ばね材料／耐食材料／耐熱材料／新材料

◆ マテリアル工学シリーズ ◆

佐久間健人・相澤龍彦 編集

東大 佐久間健人・前法大 井野博満著
マテリアル工学シリーズ1

材料科学概論

23691-0 C3353　　A5判 224頁 本体3400円

〔内容〕結晶構造（原子間力，回折現象）／格子欠陥（点欠陥，転位，粒界）／熱力学と相変態／アモルファス固体と準結晶／拡散（拡散方程式，相互拡散）／組織形成（状態図，回帰，再結晶）／力学特性（応力，ひずみ，弾性，塑性）／固体物性

九大 高木節雄・金材技研 津﨑兼彰著
マテリアル工学シリーズ2

材料組織学

23692-7 C3353　　A5判 168頁 本体3000円

〔内容〕結晶中の原子配列（ミラー指数，ステレオ投影）／熱力学と状態図／材料の組織と性質（単相組織，複相組織，共析組織）／再結晶（加工組織，回復，結晶粒成長）／拡散変態（析出，核生成，成長，スピノーダル分解）／マルテンサイト変態

東工大 加藤雅治・東工大 熊井真次・東工大 尾中 晋著
マテリアル工学シリーズ3

材料強度学

23693-4 C3353　　A5判 176頁 本体3200円

基礎的部分に重点をおき，読者に理解できるようできるだけ平易な表現を用いた学生のテキスト。〔内容〕弾性論の基礎／格子欠陥と転位／応力-ひずみ関係／材料の強化機構／クリープと高温変形／破壊力学と破壊現象／繰り返し変形と疲労

北大 毛利哲雄著
マテリアル工学シリーズ5

材料システム学

23695-8 C3353　　A5判 152頁 本体2800円

機械系・金属系・材料系などの学生の教科書。〔内容〕システムとしての材料／材料の微視構造／原子配列の相関関数と内部エネルギー／有限温度の原子配列とクラスター変分法／点欠陥の統計熱力学／不均質構造の力学／非平衡統計熱力学と拡散

前東大 相澤龍彦・早大 中江秀雄・東大 寺嶋和夫著
マテリアル工学シリーズ6

材料プロセス工学

23696-5 C3353　　A5判 224頁 本体3800円

〔内容〕〔固体からの材料創製〕固体材料の変形メカニズム／粉体成形・粉末冶金プロセス／バルク成形プロセス／表面構造化プロセス／新固相プロセス。〔液相からの——〕鋳造／溶接・接合。〔気相からの——〕気相・プラズマプロセスの基礎／応用

上記価格（税別）は2023年12月現在